教育部高职高专规划教材

化工实验及开发技术

第二版

李丽娟　陈瑞珍　主编

张小华　主审

化学工业出版社

·北京·

本书分“开发基础”和“实验实例”两篇。在“开发基础”中，介绍了化工开发的基本知识，较系统地阐述了实验开发的方法、步骤以及实验常用技术。它是化工实验及开发过程所涉及的共性知识，为学生将来从事实验及工艺开发工作提供基础。

在“实验实例”中根据有机化工、精细化工与高分子合成、制药等行业的生产技术特点，分别列举了典型实验实例，以满足不同地区、不同专业的教学需要，培养学生的实验操作能力以及运用理论知识解决实际问题的能力。实验过程中，强调学生动手能力和综合素质的培养，注重抓好“预习、思考、改进、总结”等环节。

本书为高职高专化工（含制药技术）类各专业的综合性实验教材，也可作为相关专业的中职教学、成人教育、职业培训教材，以及从事化工、制药等行业的生产及开发人员参考使用。

图书在版编目（CIP）数据

化工实验及开发技术/李丽娟，陈瑞珍主编. —2 版.
北京：化学工业出版社，2012.8（2023.2 重印）
教育部高职高专规划教材
ISBN 978-7-122-14828-5

Ⅰ.化… Ⅱ.①李…②陈… Ⅲ.①化学工业-化学实验-高等职业教育-教材 Ⅳ.①TQ016

中国版本图书馆 CIP 数据核字（2012）第 158908 号

责任编辑：窦　臻　　　　文字编辑：向　东
责任校对：边　涛　　　　装帧设计：尹琳琳

出版发行：化学工业出版社（北京市东城区青年湖南街 13 号　邮政编码 100011）
印　　装：天津盛通数码科技有限公司
787mm×1092mm　1/16　印张 10　字数 241 千字　　2023 年 2 月北京第 2 版第 4 次印刷

购书咨询：010-64518888　　　　售后服务：010-64518899
网　　址：http://www.cip.com.cn
凡购买本书，如有缺损质量问题，本社销售中心负责调换。

定　　价：49.00 元

第二版前言

作者在对国内化工类高职院校的专业与课程设置进行了调研，对化工、制药产业的岗位群及能力要求进行了认真分析，汇总了不同院校师生意见的基础上，对第一版教材进行修订。

本次修订教材，坚持“简练、实用、实际”的原则。本版教材仍然保持第一版“开发基础”、“实验实例”两大篇的结构，但内容作如下调整：在第一篇，进一步理清实验开发过程各环节之间的关系，增加适用于高职教学需要的内容、方法与环节，为培养学生独立完成项目提供基础。在第二篇，删去了目前开设较少的“无机化工”、“高分子加工”两个专业的内容，将实验内容整合为有机化工、精细化工与高分子合成、制药技术三大专业群，以突出教材的适用性，方便不同学校相关专业的选择和使用。

参加本书编写的有河北化工医药职业技术学院的李丽娟、陈瑞珍、石磊、陈慧，内蒙古化工职业学院的张岩、白雪梅。其中，概论、第一章及实验十三～十六、二十、二十六、二十七、第二篇的“实训组织与要求”由李丽娟编写；第二章的第二～四节（不包括第三节六）及实验一～五、第二篇的“流程安装与要求”由陈瑞珍编写；第二章的第一节、第三节的“六、色谱技术”及实验二十二～二十四由石磊编写；实验十七、十八由陈慧编写；实验六～十二由张岩编写；实验十九、二十一、二十五由白雪梅编写；全书由李丽娟统稿。

改编后的教材更加具体、实用、可操作，但由于编者水平所限，书中难免存在不足之处，欢迎广大读者批评指正。

编者

2012 年 5 月

第一版前言

本书根据全国高等职业教育化工教学指导委员会通过的教学大纲和教学计划编写而成，供高职高专化学工艺类各专业使用，也可作为相关专业的中职教学、成人教育、职业培训以及从事化工、制药等行业的生产、技术、开发人员参考。

综合实践能力的培养是高职教育的重要内容和主要任务之一，本教材在编写过程中始终贯彻了应用性、实用性、综合性、先进性的原则，注重学生动手能力和综合能力的培养。具体表现在以下几个方面。

1. 系统性和综合性　将化工开发的有关概念及方法步骤、实验开发技术、实验实例、开发实验以及化工生产实际有机地融合起来，有助于学生对化工生产及规律的全面认识，培养综合能力。

2. 实用性和实践性　在理论部分，将化工开发过程中所用到的文献查阅、工艺路线的选择、实验设计和工艺流程设计、产品收集和质量分析、实验结果的判断和评估以及实验常用技术等进行系统地讲述；在实践部分，根据有机化工、无机化工、精细化工、高分子化工、制药等行业的生产技术特点，分别列举了典型实验。这样，不但能够满足不同地区、不同专业的教学需要，而且有助于拓宽学生知识面，培养实际动手操作能力，以及综合运用所学知识分析、解决实际问题的能力。

3. 先进性和创新性　在实验内容上，力求反映当前科研、生产的新情况和新进展。在实验的编写形式与具体要求上，突破以往的模式，实验前，围绕实验内容以较宽的范围和深度提出“预习与思考”；实验过程，根据实验特点，增加工艺条件对比实验；实验后，增加“讨论”内容的深度和广度。这样，能够使学生开拓思路，达到“举一反三”的目的，有助于培养学生的自学能力、独立思考能力和创新能力。

参加本书编写的有：河北化工医药职业技术学院李丽娟、陈瑞珍，北京化工学校李庆新。其中，绪论、第一章及实验四、七～十、十五、十七、十八、二十九由李丽娟编写；第二章及实验一～三、五、十一、十二、十六、十九由陈瑞珍编写；实验十三、十四、二十～二十八、三十由李庆新编写；实验六由河北化工医药职业技术学院无机工艺教研室提供李丽娟整理。全书由李丽娟统稿。

本书主审人吉林工业职业技术学院赵杰民院长，对本书进行了详细审阅，并提出了许多宝贵的修改意见，在此表示由衷的感谢。

在本书的组织和编写过程中，始终得到全国化工教学指导委员会工艺组及编者所在学校的大力支持。河北化工医药职业技术学院的谭弘老师给予了极大地支持和帮助；张宏光、董振珂两位老师做了大量的绘图、文字输入等工作；于文国、邸青、陈洪利等老师给予了积极地帮助，在此一并表示感谢。

由于编者水平及我校实验设施所限，本书存在的错误和欠缺，欢迎广大读者批评指正。联系方式：河北省石家庄市中山东路651号，河北化工医药职业技术学院，邮编：050031。

编　者

2002年4月

目　　录

第一篇　开发基础

第二篇　实验实例（实训项目）

附录

参考文献

第一篇　开发基础

概　论

一、化工开发的内容及意义

化工是化学工程、化学工艺与化学工业的通称。它是一门研究物质和能量的传递与转化的技术科学。由于化工生产具有原料、产品、工艺、技术等多方案性的特征，这种多方案性源于科学技术，也蕴含着经济的盈亏与环境的优劣，从而使化学工业成为国民经济中最活跃、竞争性最强的行业之一。所以，研究与开发就成为化工技术进步的源泉和必由之路；成为每一个化工工作者所必修的专业基础知识。

1. 化工开发的内容

化工开发包含的内容十分广泛。从广义上讲，它是对某一产品进行全面的设计、研究、开发，以满足国民经济的需要；从狭义上讲，开发产品过程中的每个局部问题的处理和解决都应视为开发。化工开发中存在着技术风险，主要表现在工艺发展前途和竞争状况等方面，所以，化工开发必须以工艺先进、技术可靠、经济合理、保护环境为前提；如果对其他技术领域也有价值，则将更有开发意义。

从其研究过程而论，化工开发通常可分为实验室开发与过程开发两个阶段。

实验室开发也常称作“基础研究”，是在实验室里进行的初级阶段的研究开发工作。其主要任务是围绕所确定的课题，对所收集到的工艺路线和技术方法，进行充分的验证和比较，从中筛选出有把握的方法，并了解过程的特征，测取必要的数据，对其工业化前景做出初步的预测和工业生产的设想。

过程开发是指从实验室取得一定的成果（包括新工艺、新产品）后，将其过渡到第一套工业装置的全过程。它建立在明确的目标上，其主要任务是获得所必需的信息资料，对基础研究所提出的“设想”，进行技术和经济上的考核和论证，获得实现工业生产所必需的、完整的工程资料和数据，并完成设计、试生产等工作。由于它涉及化工工艺、化学工程、化工装置、操作控制、环境保护、技术经济等各个领域，包括了从实验室研究到工程设计，以及最终施工建厂、投入生产的所有过程，因此它是一个综合性很强的工程技术。通过过程开发，实现科学技术向生产力的转化，是化工开发的最终目的。

2. 化工开发的意义

化学工业的迅速发展，使得它几乎涉及国民经济、国防建设、资源开发和人类衣食住行等各方面，并且也将对解决人类所面临的人口、资源、能源和环境等可持续发展的重大问题起到十分重要的作用。所以说，化工开发是推动整个人类科学技术进步不可或缺的一部分。

19 世纪中叶，李比希（1803—1873）首创了肥料和煤化学工业，霍夫曼（1818—1892）进行了染料、香料、医药合成的广泛研究，这些成果的应用给德国带来了巨大的经济效益，使其仅用了 40 年的时间，就从一个落后的农业国一跃成为化学品生产基地的经济强国。20 世纪初，美国对石油化学工业的开发，开辟了有机合成的新领域，在世界范围内，推动着化工技术得到飞速的发展。国内改革开放以来，加大了对化学工业的投入与开发力度，并且取得了引人注目的成就。

化工开发不仅促进了化学工业的发展，而且带动了各行各业的进步。比如，无机肥料、农药的开发与应用，对农作物高产提供了保证；合成树脂的广泛开发，不仅解决了人们日常生活中的需要，也在工业、农业、建筑业、国防建设等工程方面得到广泛应用，节约了地球上有限的土地资源和矿产资源。精细化工的深层次开发、化工技术与生物技术的有机结合等，将使化学工业进入一个崭新的时代，给整个世界带来丰富多彩的变化。

化工开发与环境保护相辅相成。在环保要求的驱动下，许多实现“绿色”生产的新材料、新技术相继开发成功。比如，碳酸二甲酯（dimethyl carbonate，DMC）的生产开发与应用，取代了化工合成中许多高污染的环节，在精细化工领域得到广泛应用；无毒无害的分子筛、固体酸催化剂正在逐步取代腐蚀、污染严重的液体酸催化剂；超临界 CO_2 在某些方面代替了有毒的有机溶剂；大自然赋予的取之不尽、用之不竭的生物资源，以其特有的安全、高效为化学工业的发展提供了新的发展方向等。

总之，化学工业是国家综合技术水平的标志之一。开发是化学工业的主旋律，是化学工业的昌盛之本。

二、化工开发的基本步骤

前已述及，化工开发包括实验室开发与过程开发两个阶段。实验室开发是一项基本的开发工作，通常是从选择技术方法入手，通过安排科学的实验方案和组织合理的实验流程，进行实验室规模的对比实验，从中得出有价值的结论。其具体的方法和步骤在以后的章节里将进行较详细的介绍。

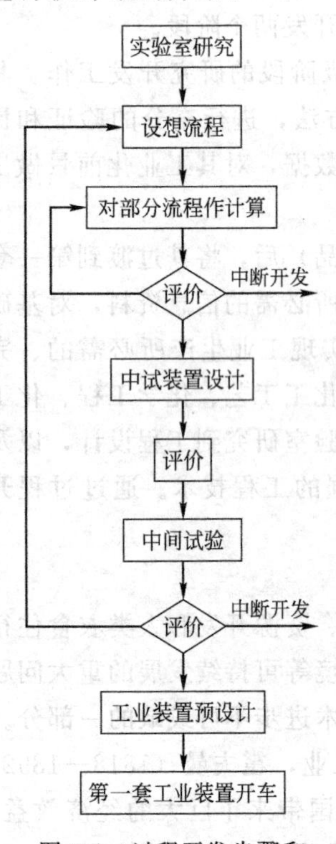

图 0-1 过程开发步骤和循环框图

过程开发是一项十分复杂的工作，涉及的内容和环节很多。其中包括收集和整理所有必需的信息资料，对预期的生产方法进行技术上和经济上的可行性考核与论证；对试验所需的模型装置及中试装置进行设计、安装和实验操作等。各环节在执行时又相互穿插，需要综合考虑。

对于开发工作虽然没有绝对一样的模式，但基本步骤与循环工作可用如图 0-1 表示。此框图包括三个重要步骤。

第一步是在实验室研究的基础上提出设想流程。由于实验室研究阶段的资料和数据有限，因此还要从工程的观点来收集与过程开发有关的信息资料，查找所需的物理化学数据、经验公式以及与开发产品相关的市场信息，整理出一套完整可靠的技术资料。同时，还要对主要资料进行分析评价，作为过程开发的初步依据。在此基础上就可提出设想的流程，进行全过程的物料衡算、能量衡算，估算生产工程的原料消耗、能耗，并做出评价（包括对流程和生产过程等的分析）。根据评价可知设想流程的把握有多大，即可以决定是继续开发还是中断开发。

第二步是中间试验。如果对设想流程的评价认为可以继续开发，就可以按评价分析中提出的不充分的那部分数据和资料来拟定中试方案和规模。中间试验一般不是作方法的比较，而是为了收集工业装置设计所需的数据，对于用计算机辅助开发的过程，中试更重要的工作是为了验证和修改数学模型。总之，中间试验是为工业装置的预设计提供可靠的依据。

第三步是进行工业装置的预设计。设计内容应按化工设计中初步设计要求来进行，以工艺设计为主，如操作条件的选择、物料衡算、热量衡算，确定设备的工艺尺寸和结构，设备材料选择以及安全生产、劳动保护、三废处理的要求等，还要估算装置及其他的费用，并提供预设计文件，包括装置的平面布置图、带仪表控制点的工艺流程图及其说明书。

过程开发的最后一步是建立第一套工业生产装置。其工作内容主要涉及工程设计、安装施工和开车试生产等工作，所以应由设计、施工及生产单位共同完成。过程开发者也应参与工作，以便从第一套工业生产装置的开车中总结经验。

评价工作非常重要，它贯穿于开发的全过程。在开发的不同阶段，评价的具体内容、要求和侧重点均有所不同，但评价的原则是一样的，即在满足国家环保要求的前提下，达到工艺先进、技术可靠和经济合理。

值得注意的是，随着化学工业的飞速发展，化工过程开发正呈现出新的特点和趋势，主要表现在以下两个方面：一是在满足技术上先进、经济上合理的同时，尽可能实现过程最优化；二是尽可能缩短从实验室成果向工业化生产过渡的周期，即实现由实验室成果的超高倍数的放大，直接用于工业化生产。精馏过程的放大就是最典型的例子。对于以上趋势，随着化学工程理论的完善和发展，化工数学模型的建立和电子计算机的广泛应用，正在逐步地实现和进一步发展。

三、化工开发与实验技术

化工技术是一项以实验为主要手段的应用技术，任何一种过程开发的第一个阶段都是从实验室开始的。在这一项基本的工作过程中，完成对工艺路线、反应方式、分离方法和实验装置等的筛选工作，并用所得的最佳数据去证实所选方案的可靠性，以此决定开发工作是否进行下去。所以，实验室阶段是开发工作的起点。

即使在过程开发阶段，还要进行必要的小试、中试、冷模试验等实验内容。工程设计是在实验室研究的基础上进行的。小型实验若不能揭示过程的各种特征，则工程研究就很难有应用的可能性。实验基础不牢，往往导致实践的失败。因此，实验室研究工作的深度和广度并不亚于过程研究本身，它是整个化工开发的重要组成部分。例如，各种分析方法的研究，催化剂的开发，化学物质的物性数据测定，反应动力学数据测定，新型结构装置的研究，全流程或部分流程试验等，进行这些工作，不但要有足够的理论水平，而且还要掌握一定的实验技术。

那么，化工开发实验技术指的是什么，它都包括哪些具体内容？

其一，从其研究规律上，化工开发实验技术包括试验设计和流程设计两个方面。试验设计是指在探求客观事物存在的规律中采用什么样的方法，以期用最少的实验获得可靠而明确的结论；流程设计是指在研究过程中选用什么样的装置，以什么样的实验手段获得开发中所必需的结果。

试验设计的方法很多，代表性的有三种：即网格设计法、正交设计法和贯序设计法。网格法简单，但实验工作量大；贯序法科学且精度高，但使用难度大；正交法具有实验次数少，使用和分析结果方便，结论可靠等优点，常被广泛采用。至于采用什么样的实验仪器设备，组织什么样的装置和流程，要根据研究对象的特征及具体的实验内容来确定。

其二，从研究的具体内容上，化工开发实验技术主要包括：物质物性常数测量技术（如黏度、表面张力、汽液平衡数据等）、反应技术（如气-液反应、气-固反应、液-液反应、催化反应等）、催化剂制备与性能测试技术、分析测试技术（如化学分析、仪器分析）、分离提纯技术（如精馏、离子交换、膜分离、吸附、萃取、层析等分离技术）、特殊条件控制技术（如高温、加压、真空等技术）以及与实验有关的自动控制技术等。这些技术都有其自身的特点和规律性。在具体实践中，要针对具体研究对象的特点，进行认真分析，选择相应的实验技术。

总之，实验是化工开发工作中获取结果的主要手段。只有熟练掌握和正确运用各项实验技术，才能作好化工开发工作。

四、学习内容、教学方法与考核要求

本教材可用于化工类、制药类专业的“专业综合实训”以及“毕业论文与答辩”等实践教学环节。其主要任务是，通过实施“教、学、做”一体的现场教学，使学生具备较强的实验操作技能和综合运用所学知识解决实际问题的能力，并熟悉实验研究的基本方法，为将来从事化工、化学原料药生产的技术工作，参与新产品开发和技术改造工作奠定基础。

全书分“开发基础”和“实验实例”两篇。在“开发基础”中，重点介绍了化工开发的基本技术（实验室研究方法）和实验常用技术。它是化工类实验及开发过程所涉及的共性知识，有些内容可让学生提前查资料自学，或在实验室现场讲解、演示。在“实验实例”中，根据有机化工及其专业群、精细化工及高分子合成、制药技术专业群各专业的生产技术特点，分别列举了典型实验，旨在巩固各专业课所学的理论内容，加强对实验技能的掌握和生产实际过程的认识。不同专业根据具体情况从中选做。“研究开发实验”旨在让学生熟悉化工新产品、新技术开发的过程和方法，并初步树立工业生产的概念，要求学生自己提出实验方案，设计和组织流程，以提高综合素质和创新能力。这类实验，供有条件和有兴趣的学生选做。

教学过程，建议以学生为主体、教师为主导、任务为导向，按照资讯、计划、决策、实施、评价、总结的工作过程，实施项目化教学，训练学生独立工作能力、创新能力与较强的实验操作能力，提高职业综合素质。教师要尽量引导学生将实训项目与工业生产相结合，将“环保”与“经济”相结合，以拓展学生思路，提高工作能力。

课程的考核以过程考核为主，结果考核为辅。具体可从以下几方面考虑：实训项目的准备情况、实训过程中操作能力、分析和解决异常问题的能力、对实训项目的总结评价及实训报告。其中，实训项目的准备情况（资料查阅、方案设计）、实训过程中操作的规范程度、分析和解决问题的能力三项在学生完成实训过程中，采取现场考核。

现场考核方式采取学生自评、团队之间互评、老师考评三者相结合的方法，以促使各小组间的竞争、管理及小组内同学的团队合作，使学生共同提高。

第一章　化工实验开发技术

专业综合实验是培养学生系统掌握实验技术与实验研究方法的一个重要的综合性实践教学环节。专业综合实验不同于基础实验，其目的不仅仅是为了验证一个原理、观察一种现象或是寻求一个普遍适用的规律，而应当是针对某项具体的生产技术与特点所进行的具有明确意义的实践活动。因此，与科研工作十分相似，在实验的开发过程上也是从查阅文献、收集资料入手，在尽可能掌握与实验项目有关的研究方法、检测手段和基础数据的基础上，通过对项目技术路线的优选、实验方案的设计、实验仪器设备的选配、实验流程的组织等来完成实验工作，并通过对实验结果的分析与评价获得最有价值的结论。

工艺实验的开发基本上可包括以下几个阶段：第一，工艺路线的选择；第二，实验方案设计；第三，实验装置及流程设计；第四，实验结果分析与评价。

第一节　工艺路线的选择

化学工业的一个突出特点就是具有多方案性，即可以从不同原料出发，制得同一种产品；也可以从同一原料出发，经过不同的生产工艺，得到不同的产品；由同一种原料制取同一种产品，还可以有许多不同的工艺方法来达到等。这些不同的方案中，包含着技术、经济、环境保护等诸多因素。所以，在实验工作全面展开之前，选择好切实可行的工艺路线是极为必要的。

工艺路线的选择主要包括：选择原则和选择方法。

一、选择原则

由于工艺实验的一个重要任务是解决具有明确工业背景的工艺技术问题，它是工业化生产的前提和基础。所以，它应该具备科学性、实用性、先进性和预见性。在选择工艺路线时，要紧紧围绕实现工业生产这个目的，进行深入细致的、全方位的考虑。作好这项工作需要考虑的因素很多，归纳起来，应该从以下四个方面作重点研究。

1. 原料路线

化工生产中，原料是应该首先考虑的问题。因为，原料是化工生产成本的主要组成部分，化工生产中所用到的原材料非常复杂，除了参加反应的各种原料、试剂之外，还常用到大量的有机溶剂、酸和碱等，它们作为反应的介质或精制用的辅助原材料必不可少；其次，化工生产中所用的原料决定着采用的反应类型、反应器型式、产品质量与收率、生产工艺以及可能对环境造成的影响等。这就要求在选择工艺路线时，必须对不同路线所需的原料和试剂作全面的了解和比较。对原料和试剂比较理想的要求是：价廉易得，来源丰富，收率与利用率高，使用安全，低污染或无污染。

以α-乙基戊酸（α-Ethyl valerianic acid，$CH_3(CH_2)_2\underset{\displaystyle C_2H_5}{\underset{|}{C}}HCOOH$）的合成为例来说明原料对选择工艺路线的重要性。α-乙基戊酸是一种精细化工产品，其合成路线很多，最典型的有以

下三种。

（1）以醛与格氏试剂为起始原料的路线　该路线由四步反应组成，其中有三步需要格氏试剂，一步需要卤化试剂。反应式如下：

$$CH_3(CH_2)_2CHO + CH_3CH_2MgBr \xrightarrow[②H_3^+O]{①Et_2O} CH_3(CH_2)_2\underset{\displaystyle OH}{\underset{|}{C}}HC_2H_5$$

$$\xrightarrow{SOCl_2} CH_3(CH_2)_2\underset{\displaystyle Cl}{\underset{|}{C}}HC_2H_5 \xrightarrow{Mg/Et_2O} CH_3(CH_2)_2\underset{\displaystyle MgCl}{\underset{|}{C}}HC_2H_5$$

$$\xrightarrow[②H_3^+O]{①CO_2} CH_3(CH_2)_2CH(C_2H_5)COOH$$

（2）以卤代烃与酸（或酯、腈）为起始原料的路线　该路线由两步反应组成，首先由酸（或酯、腈）与强碱二异丙基胺锂（LDA），在非质子性溶剂四氢呋喃（THF）和六甲基磷酰胺（HMPT）中反应形成羧酸锂盐，再与卤代烃于低温下反应，酸化即可。反应式如下：

$$CH_3(CH_2)_3COOH + 2i\text{-}Pr_2NLi \xrightarrow{THF,HMPT} CH_3(CH_2)_2\underset{\displaystyle Li}{\underset{|}{C}}HCOOLi$$

$$\xrightarrow[②H^+]{①CH_3CH_2Br} CH_3(CH_2)_2CH(C_2H_5)COOH$$

i-Pr 代表 $(CH_3)_3CH—$

（3）以丙二酸二乙酯与卤代烃为起始原料的路线　该路线由两步反应组成，即烃化和水解反应。反应式如下：

$$CH_2(COOEt)_2 + CH_3(CH_2)_2Br + CH_3CH_2Br \xrightarrow{EtONa/EtOH}$$

$$CH_3(CH_2)_2\underset{\displaystyle C_2H_5}{\underset{|}{C}}(COOEt)_2 \xrightarrow[\triangle]{H_3^+O} CH_3(CH_2)_2CH(C_2H_5)COOH$$

以上方法中，（1）、（2）必须采用贵重的有机金属化合物和易燃的非质子性溶剂，以及严格的控制条件。方法（3）中，由于丙二酸二乙酯的烃化反应活性高，不需用 LDA 等强碱催化，一般可在乙醇钠的乙醇溶液中与两种不同的卤代烃一起加热反应，即可制得二烃基取代的二酸二乙酯，后者易水解脱羧形成单酸（即产物）。因此，从原料和操作条件分析，方法（3）在实验室及工业生产方面具有较大的实用性。

另外，相转移催化技术的迅速发展也很好地说明这一问题。采用相转移催化技术，以水代替有机溶剂，以廉价的碱金属氢氧化物代替贵重的醇盐、氨基钠、氢化钠、金属钠等有机碱，使得操作简便，克服了反应过程中的溶剂化效应，后处理容易，产品收率提高。所以，相转移催化剂的研究开发与应用正在不断地扩大。比如，为了提高季铵盐类和季鏻盐类催化剂的催化功能，近年来开发成功多个电性中心的相转移催化剂。这类催化剂容易合成和回收再利用，用量少；使相转移催化由以往的主要用于亲核取代反应，扩大到亲电取代反应（如偶合反应、傅-克烷基化反应等）；对某些相转移催化剂的中毒现象也进行了研究，并取得一定成果。

2. 技术路线

化工生产大多技术密集、科技含量高，且存在一定的危险性，所以在选择工艺路线时，应充分考虑技术的先进与合理性。技术上应该从操作、设备、反应类型、安全等几个方面认真考虑。操作要求简便、安全、易于掌握和控制；设备要求简单实用，尽量减少特殊设备

（如高压、高温、高真空或需复杂的安全防护措施）的使用；反应应选择步骤尽可能少、副反应少的路线，以减少操作环节和提高收率。

以2,6-二叔丁基对苯醌（2,6-ditertbutylbenzoquinone，$C_{14}H_{20}O_2$，简称2,6-DTBQ）的合成工艺开发为例（见实验二十六），说明选择技术路线的原则。

2,6-DTBQ是一种医药中间体，它由2,6-二叔丁基苯酚氧化得到。在实验工作之前，由文献查得，可供参考的合成方法有如下三种。

（1）非均相催化氧化法　此法以钒和钼等过渡金属氧化物为催化剂，由氧气在列管式固定床或流化床中高温高压下氧化而得。该法设备复杂，对催化剂要求较高，工艺控制难度大，投资大。

（2）化学氧化剂氧化法　此法是在釜式反应器中进行的液相氧化。常用的氧化剂有重铬酸盐、硝酸、高价铁盐、氧化银、卤素、亚硝基二磺酸钾盐（即Fremy盐）等，该方法存在腐蚀严重、污染环境等不足，有的副产物多、收率低、后处理繁琐，有的试剂价格贵重。

（3）均相络合催化氧化法　此法以钴络合物为均相催化剂，由氧气在普通釜式反应器中常压氧化而得，反应条件温和、工艺控制容易、副产物少。

从以上可以看出，方法（1）虽然原料简单，但设备和操作均复杂；方法（2）反应复杂，污染环境，而且原料昂贵；方法（3）具有原料价廉易得、操作简便安全、反应选择性高、副产物少、后处理容易等优点，但此法工艺不成熟，还需要做大量的开发和研究工作。综合考虑，围绕着方法（3）开展了大量的实验研究工作，并收到很好的效果：获取了最佳工艺条件、催化剂用量、提纯方法等重要数据，为工业生产打下基础。

3. 生产成本

生产成本是指（企业）用于生产某种产品所需费用的总和。其构成非常的复杂，除了必需的原辅材料、固定资产投资、公用工程（水、汽、暖等）之外，还包括管理费用、销售费用、工资、利润等。在实验开发阶段，除了可以对其中的原料、部分公用工程等费用做初步计算外，其他的费用只能根据所掌握的各种资料，凭借经验进行粗略的估算。

由于生产成本是产品具备市场竞争性的主要因素之一，所以，在实验室研究阶段就应该将其作为重点考虑的内容。通过各种信息途径，尽可能多地收集与开发课题有关的技术经济资料，并认真分析、调查，从中筛选出成本低、市场竞争性强的工艺路线。

4. 环境保护

进入21世纪，为使人类可持续发展，保护地球的生态平衡。开发资源、节约能源、保护环境成为国民经济发展的重要课题。尤其对于化学工业，有效地利用资源，避免高污染、高毒性化学品的使用，保护环境，实现清洁生产，成为化工新技术、新产品开发中必须认真考虑的问题。

在具体的开发工作中应从以下几个方面着手。

（1）提高化学反应的原子利用率，争取实现废物“零排放”　例如，环氧乙烷的生产原来采用氯醇法二步制备，自从发现银催化剂之后，改为乙烯直接氧化的一步法。原子利用率由原来的37%提高到100%，实现了原子经济性反应，做到了废物“零排放”。反应式如下：

$$CH_2{=}CH_2 + \frac{1}{2}O_2 \longrightarrow H_2C\underset{\diagdown O \diagup}{—}CH_2$$

然而在目前条件下，要使化学反应的原子利用率，尤其是在精细化工产品的合成中都提高到100%，还要做大量的研究开发工作。通过开发高效催化剂，不断寻找新的反应途径，开发新工艺或提高传统化学反应过程的选择性，来提高原子利用率，减少废物排放。

（2）做好“三废”处理与副产物的综合利用　优先考虑“三废”排放少，后处理容易的工艺路线，并对“三废”的综合利用与处理方法提出初步方案。对一些“三废”排放量大、危害严重、处理困难的工艺路线应坚决摒弃。

以精细产品甜菜碱［betaine，$(CH_3)_3N^+CH_2COO^-$］的开发为例加以说明。其反应式如下：

$$ClCH_2COOH+(CH_3)_3N+NaOH \longrightarrow (CH_3)_3N^+CH_2COO^-+NaCl+H_2O$$

此工艺路线中“三废”的来源及处理方法如下。

废气为未反应的三甲胺，经三级吸收后基本无废气产生；废渣主要是提纯后的氯化钠，经洗涤后，其质量符合国家工业用盐的标准，可作为副产物在处理离子交换树脂中使用；浓缩时蒸发出的冷凝水，基本上不含化学物质，生产中用于溶解氯乙酸，故无废液排放。所以，选择该工艺路线生产甜菜碱具有工业化意义。

总之，影响工艺路线的因素很多，它们相互影响，相互制约。在具体选择时，应对诸多因素进行充分、全面地了解，综合考虑，才能确定一条较为适宜的工艺路线，并通过实验室研究加以改进，方可逐步放大到工业化生产。

附注：原子经济性反应

原子经济性反应是衡量在化学合成过程中原料分子中的原子进入最终所希望产品中的数量，其目标是在设计化学合成时，使原料分子中的原子更多或全部地变成最终希望的产品中的原子。具体地说，假如C是要合成的目标产物，若以A和B为起始原料，既有C生成，又有D生成，D即是副产物，且许多情况下是对环境有害的，那么这一部分原子被浪费，形成的副产物对环境造成了负荷；所谓原子经济性反应，即使用E和F为起始原料，整个反应结束后只生成C，E和F的原子得到了100%利用，亦即没有任何副产物生成。可用下式表示：

$$A+B \longrightarrow C+D$$

$$E+F \longrightarrow C$$

原子经济性概念可表示为：

$$原子经济性或原子利用率=\frac{被利用原子的质量}{反应中所使用全部反应物分子的质量}\times 100\%$$

原子利用率与通常所说的产率或收率是两个不同的概念，前者从原子水平上衡量化学反应，后者从传统宏观上来衡量化学反应。有的化学反应尽管收率很高，但原子利用率差，这就意味着将会排放大量的废弃物。只有通过实现原料分子中的原子百分之百地转变成目标产物、才能达到不产生副产物、实现废物“零排放”的要求。

原子经济性反应在一些大宗化工产品的生产中得到了较好的应用。比如用于合成高分子材料的聚合反应；基本有机化工中的甲醇羰基化制乙酸、丁烯与HCN合成己二腈、乙烯一步法氧化生产环氧乙烷等均为原子经济反应。

在精细化工领域，还需对原子经济性反应加以重视和充分地进行探索。

二、选择方法

为了寻找到更合理的工艺路线和先进的生产方法，需要对实验研究项目进行全面而深入的了解。为此，应通过各种途径尽可能多地收集与课题有关的技术资料。

认真总结和借鉴前人的研究成果，是开发工作中最常用且行之有效的方法。利用所掌握的文献检索知识，围绕所研究的内容，通过查阅有关的文摘、综述、专著、丛书等，可找到若干模拟方法，在研究和比较后选用一条或几条比较实用的路线。再通过实验来验证，必要时还可对某些环节做必要的改进，以优化操作和提高收率。

随着信息技术的不断发展，科技文献的形式发生了比较大的变化，电子出版物和网络技术已广泛用于文献检索。与传统的印刷性文献相比，它们具有信息量大、检索速度快、检索途径多、出版周期短、图文清晰等优点，为开发工作提供了高效、快捷、可靠的检索途径。当然绝大多数科技文献和详细信息在网上是有偿查阅的。即使这样，作为一种信息源，从因特网（Internet）上获取情报资料，仍然既经济又迅速。可以预见，因特网上获取资料必会成为科研开发信息的最主要来源和手段。

目前，电子出版物的主要形式有联机数据库、软磁盘、光盘三种，它们提供了大量的检索信息。常用的一些网络信息资源索引地址如下：

中国知网：http：//www. cnki. net/

中国化工文献网：http：//www. chemnews. com. cn/

中国化工信息网：http：//www. cheminfo. gov. cn，此外经过注册过的会员通过该网的友情链接可以进入 DIALOG 国际联机检索系统、美国化工信息网等国际著名化工网站

中国化工网：http：//www. hemnet. com，通过中国化工网，注册会员可进入德国著名化工网 http：//www. buyersguidechem. de

中国化学在线：http：//www. chainchemicalonline. com. nt

中国石化信息网：http：//www. zshg. com/home/default. asp

中国科技部网站：http：//www. most. gov. cn

国家食品药品监督管理局数据查询：http：//app1. sfda. gov. cn/datasearch/

国家知识产权局专利检索：http：//www. sipo. gov. cn/zljs/

欧洲专利局专利检索：http：//ep. espacenet. com/

美国专利商标局：http：//www. uspto. gov/

美国《化学文摘》：http：//www. cas. org/

美国《工程索引》：http：//www. ei. org/

西格玛化合物索引：http：//www. sigmaaldrich. com

美国药典：http：//www. usp. org/

第二节　实验设计

在工艺路线确定之后，接下来需要考虑实验研究的具体内容和方法。需要针对研究对象的特征，对实验工作展开全面的规划与构想。根据已确定的实验内容，依据科学的方法，制定出切实可行的试验方案，以指导实验的正常进行，这项工作称为实验设计。

实验设计包括：实验内容的确定，工艺条件的优化与正交实验设计。

一、实验内容的确定

实验内容指通过实验需要具体考察的指标、影响因素及其相互间的关系。实验内容的确定不应盲目追求面面俱到，而应该抓住课题的主要矛盾，有的放矢地开展实验。

1. 实验指标的确定

实验指标是指为达到实验目的而必须通过实验来获取的一些表征研究对象特征的参数。

如动力学实验中测定的反应速率，工艺实验测取到的转化率、收率等。

实验指标的确定应紧紧围绕实验目的。比如同样是研究气液相反应，其目的可能有两个：一是研究其动力学规律；二是利用气液反应生产新的化工产品。对于前者，实验指标应确定为气体的平衡分压、传质速率、气体的溶解度等；对于后者，实验指标应确定为液相反应物的转化率、产品收率、产品纯度等。

2. 实验因素的确定

实验因素是指可能对实验指标产生影响，必须在实验中直接考察和测定的工艺参数或操作条件，如反应温度、压力、流量、原料组成、溶剂、催化剂、搅拌强度等。

所考察的实验因素必须具备两个条件：一是可检测性，即能够采用现有的分析方法或检测仪器直接测得；二是相关性，即实验因素与实验所产生的结果具有明确的关系，否则，不能列为工艺实验因素来考察。

需要注意的是，影响实验指标的因素常常很多，在实际确定实验因素时，需要根据研究对象的变化规律、精度要求以及现有的实验条件，选取几个主要因素来考察。

3. 因素水平的确定

因素水平是指各因素在实验中所取的具体状态，一个状态代表一个水平，如温度分别取80 ℃、100 ℃、120 ℃，便称温度有三水平。

选取因素水平时，需要注意两点：一是要有代表性，即重点要考察的因素可以多选几个水平，反之可以少选，以减少实验次数；二是要有可行性，即在它的工艺水平可行（允许）范围内选择。如温度的选择，既应考虑到能使反应有效进行，又要考虑到不会对催化剂、原料及产物等产生不良影响；又如原料浓度的选择，既要考虑到转化率，又要考虑原料的来源及生产前后工序的限制等。

二、工艺条件的优化与正交实验设计

由以上可以看出，工艺实验中影响因素与因素水平通常是多方面的，一般都希望以较少的实验次数，得到最可靠的、合理的工艺条件。为此，常用正交实验设计的方法来安排实验。所谓正交设计，就是利用规格化的表格（即正交表），来安排多因素实验和分析实验结果。由于正交表的设计有严格的数学理论为依据，从统计学的角度充分考虑了实验点的代表性，因素水平搭配的均衡性，所以，利用正交设计具有实验次数少、数据准确、结果可信度高等优点，在工艺实验中工艺条件的优化以及科研开发工作中经常采用。

1. 正交表

正交实验所采用的一系列规格化的供实验者选用的实验安排表，称为正交表。正交表的表示方法为：L_n（K^N）。其符号意义为：L——正交表；n——实验次数；K——因素水平数；N—实验因素数。

如 $L_9(3)^4$，读作 L-9-3-4 表，其含义是此表最多可容纳 4 个因素，每个因素有 3 个水平，实验次数是 9，如表 1-1 所示。

表 1-1　正交表 $L_9(3)^4$

实验号 \ 列号	A	B	C	D	实验号 \ 列号	A	B	C	D
1	1	1	1	1	6	2	3	1	2
2	1	2	2	2	7	3	1	3	2
3	1	3	3	3	8	3	2	1	3
4	2	1	2	3	9	3	3	2	1
5	2	2	3	1					

表头中“列号”代表不同的因素（如 A、B、C、D）；“实验号”代表实验次数（1、2、3…9）；表中 1、2 和 3 表示因素在实验中所取的三个水平。

由此表可见，用正交表安排实验有两个特点：

① 每个因素的各个水平在表中出现的次数相等，如表中水平 1，2，3 在每一列中均出现三次；

② 每两个因素之间，不同水平的搭配次数相等，如在表中任选两列，水平搭配（1,1），(2,2)，(3,3) 各出现一次，(1,2)，(1,3)，(2,3) 各出现两次。

表 1-1 是一种简单的正交表，它只能解决 4 个因素，3 个水平的实验设计。如果实验因素及可取水平较多，则可根据需要选择其他类型的正交表，如 $L_{16}(4^5)$、$L_{25}(5^6)$等（见本书附录 3）。

2. 正交试验设计

在实验指标、实验因素和因素水平确定后，正交试验设计按以下步骤进行。

(1) 列出实验因素及其水平表　即以表格的形式列出影响实验指标的主要因素及对应的水平，见表 1-2。

(2) 选择正交表　因素及其水平确定之后，根据实验的精度要求、工作量及数据处理，选择合适的正交表。

选用正交表一般遵守下述原则：要考察因素和交互作用自由度总和必须小于正交表总自由度；正交表总自由度为各列自由度之和；每列的自由度等于该列的水平数减一。

(3) 表头设计　即将各因素正确地安排到正交表的相应列中。如果不考虑各因素之间的相互影响（交互作用），因素放在哪一列上可以任意选择。如果因素间有交互作用，因素的置放位置要根据一定的规律填写。其规律是：先安排有交互作用的单因素列，再排两者的交互作用列，最后排独立因素列。每一个正交表都附有交互作用表，利用这些表可以自行设计表头。

(4) 制定实验安排表　根据正交表的安排将各因素相应水平填入表中，形成一个具体的实验计划表。交互作用列和空白列不列入实验安排表，供数据处理及结果分析用。

3. 正交实验结果的直观分析

制定好实验安排表后，就可以依照方案进行实验，记录各次的实验结果，并按一定的步骤计算、分析实验结果。分析实验结果通常用直观分析法。该法简单直观，计算工作量小，适用于评价最佳工艺条件及合成中确定配方的实验。例如，在某合成反应中为提高产品收率，决定考察温度、时间、压力及溶液浓度 4 个因素，以寻求最佳工艺条件。因素和水平如表 1-2 所示。

表 1-2　因素和水平

因素 水平	A 反应温度/℃	B 反应时间/h	C 反应压力/MPa	D 溶液浓度/(mol/L)
1	140	1.5	0.20	0.5
2	120	2.0	0.25	1.0
3	130	2.5	0.30	2.0

用 $L_9(3)^4$ 表安排实验，测得的收率数据列于实验方案表的右侧。对所得数据进行适当运算，列于实验方案表的下方，就构成了反映实验结果的直观分析表，如表 1-3 所示。

表 1-3　实验结果直观分析计算

列号 / 实验号	1 A	2 B	3 C	4 D	收率 /%
1	1	1	1	1	28.0
2	1	2	2	2	33.0
3	1	3	3	3	40.5
4	2	1	2	3	36.5
5	2	2	3	1	14.5
6	2	3	1	2	32.5
7	3	1	3	2	33.5
8	3	2	1	3	45.5
9	3	3	2	1	32.5
K_1	101.5	98.5	106.0	75.0	
K_2	83.5	93.0	102.0	99.0	$\sum=296.5$
K_3	111.5	105.5	88.5	122.5	
k_1	33.8	32.7	35.3	25.0	
k_2	27.8	31.0	34.0	32.8	$\sum/9=32.9$
k_3	37.1	35.1	29.5	40.8	
$k=k_{max}-k_{min}$	9.3	4.1	5.8	15.8	

表 1-3 中 K_1 由每列中对应于“1”的所有实验数据相加而得。例如，A 列的 $K_1=28.0+33.0+40.5=101.5$；D 列的 $K_1=28.0+14.5+32.5=75.0$；K_2 和 K_3 的意义与 K_1 相同。k_1、k_2、k_3 分别由 K_1、K_2、K_3 除以 3 后得到，它们表示与各因素的三个水平对应的平均收率。计算九次实验收率数据总和$\sum$及平均值$\sum/9$。极差 $k=k_{max}-k_{min}$，极差越大，表明此项因素对反应结果影响越明显。

由表 1-3 可见，第一列中 k_3 最大；第二列中 k_3 最大；第三列中 k_1 最大；第四列中 k_3 最大。因为收率越高越好，所以，操作条件应定在 $A_3B_3C_1D_3$。即实验最佳条件为：温度在 130℃、时间 2.5 h、压力 0.20 MPa、浓度 2.0mol/L。

这个最佳水平的组合，并不包括在已做的实验中。为了证实分析结果是否正确，应将最佳水平组合和试验方案中最好的一个实验（如表中第八个试验），做对比实验，以便进一步确认结果的可靠性。

第三节　实验装置及流程设计

在实验方案确定后，接下来应该着手实验方案的实施工作。这些工作主要包括实验仪器设备的选择；原料系统的配置；产品的收集、采样和分析等。最后，根据实验流程进行安装和调试，以进入正式实验阶段。

一、加热装置

在化工工艺实验中，加热是一项最基本、最常用的操作技术，正确掌握此项技术，直接关系到实验的效果。加热的方法很多，通常将其分为明火加热和电加热两大类。由于化工实验涉及易燃易爆的情况较多，所以，除非被确定的加热物非常安全（如重量分析中的灼烧、玻璃细工、试管、烧杯的加热等），一般明火加热较少使用，而电加热是一种广泛使用的加热方式。

电加热装置通常又可分为电热浴、电炉、电热套及特殊加热装置等。

1. 电热浴

电热浴是借助于加热介质从电热器上得到能量，再传递给被加热对象的一种间接加热方式。它使用方便、温度易于掌握和控制，是最常用的加热方式。电热浴又分简单电热浴和恒温电热浴。

简单电热浴由电热器、加热介质、浴锅（或浴槽）等几部分组成。

（1）电热器　实验室常用带有调压器的方形万用电炉。使用电炉要注意安全，严格遵循使用操作规程。

（2）加热介质　常用的加热介质有水、油、盐等。根据加热目的、温度控制范围来选择不同的加热介质。低温（100℃以下）应选水为加热介质；中温（100～200 ℃）应选各种油（如工业甘油、石蜡油、食用油等）为加热介质；高温（200～650 ℃）应选盐或具有低共熔点的盐类混合物为加热介质。

（3）浴锅（或浴槽）　由于它是承受加热介质的容器，所以其材质取决于加热介质的最高使用温度和介质的性质。水浴可用铝锅、大号烧杯等；油浴、盐浴通常在铜锅中进行。

另外，如果实验温度要求精度较高时，可选择带有温度调节和控制装置的恒温浴热器，如图 1-1 所示。此装置可以自己组装，也可以按要求选购。

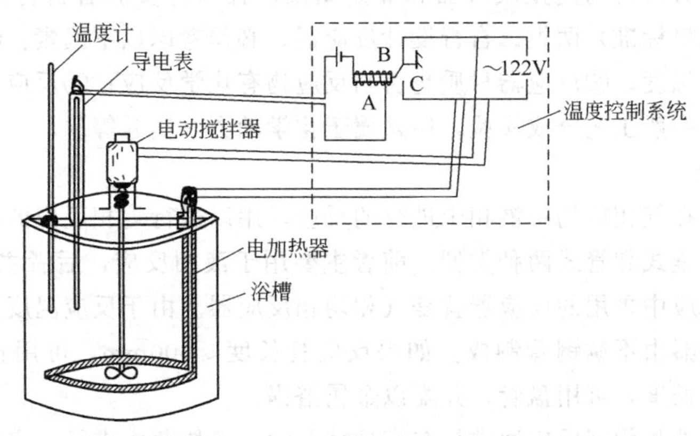

图 1-1　恒温浴装置示意图

2. 电炉

实验室用的电炉可分为普通电炉与高温管式电炉。

（1）普通电炉　普通电炉有多种，目前常用的是上文中提到的方形调压万用电炉。在比较安全的情况下（如水相反应、微热反应或必须准确观察反应现象等）可以直接使用电炉加热。但用电炉直接给反应器加热时要特别注意安全，除遵循一般注意事项外，还应注意：①电炉上要放石棉网；②被加热物与电炉要保持一定距离；③操作温度不得高于仪器规定的最高温度等。

（2）高温管式电炉　如图 1-2 所示，它带有变压器、温度控制器等，可以对温度进行自动调节和控制。它的加热范围广，但主要适用于 1000℃以下的高温，例如用于固定床管形反应器的加热、化学定量分析、物理常数测定、热电偶检定等操作中。

使用高温管式电炉要特别注意安全，严格按电炉的使用说明操作。

3. 电热套

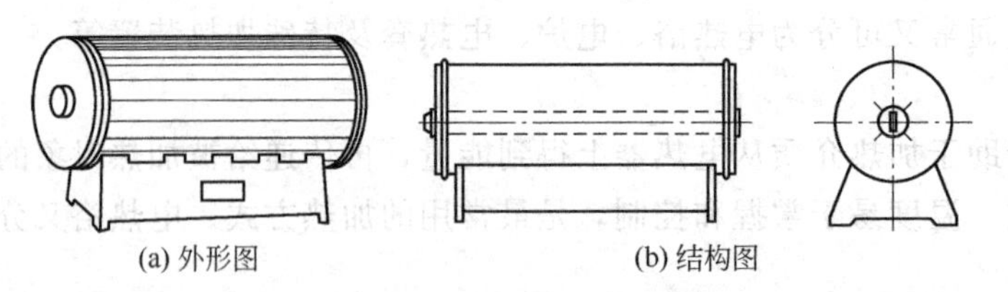

图 1-2　固定式管式电炉外形及结构

电热套应用比较广泛，它适用于易燃有机溶剂的蒸馏、精馏、反应烧瓶等的加热，温度在450 ℃以下。优点是不易碰坏玻璃仪器、加热效率高，但不适合放热且温度要求严格的反应。

4. 特殊加热装置

在某些实验场合，由于加热对象的特殊，需要选用特殊形状的加热器。例如，流程中管道、精馏塔塔身、分水器等的保温等，就需选择与之相适合的加热带、加热枕垫、保温套等。

二、反应器

反应器是实验装置的重要部分。按参加反应物料所处的状态，反应器分为均相反应器（如液相均相和气相均相反应器）和非均相反应器（如气-液相反应器和气-固相反应器）。气-固相反应中，按固体催化剂所处的状态，又分为固定床反应器和流化床反应器。

合成反应中，有市售的定型反应器和非定型反应器（即实验者自行设计并加工的反应器，没有统一的规格标准）两类。自行设计反应器，必须考虑以下因素：①反应器在使用中的最高和最低承受温度；②反应器材质是否与反应物有化学反应；③反应是在怎样的压力下进行；④反应属于一般工艺合成实验，还是属于化学动力学实验等。

1. 均相反应器

均相反应是指在气相或均一液相中进行的反应，用以进行均相反应的设备称为均相反应器。均相反应器有釜式和管式两种类型，前者主要用于液相反应，后者主要用于气相反应。例如，石油裂解反应中采用的反应器就是气相均相反应器。由于反应温度高，产物组成十分复杂，所以，反应器由不锈钢管制成。如果反应管长度≤500mm，可用直管并配以管式电炉；如果超出这个长度，可用盘管，并配以金属浴锅。

在实验室中，液相均相反应通常是在带搅拌器的三口烧瓶中进行。实际上，它是一种简单的釜式反应器，不但适用于液相均相反应，也适用于液相非均相反应。在高分子化工、精细化工、化学制药等合成实验中，多采用此类反应器。因而它是液相反应中最典型的反应器。

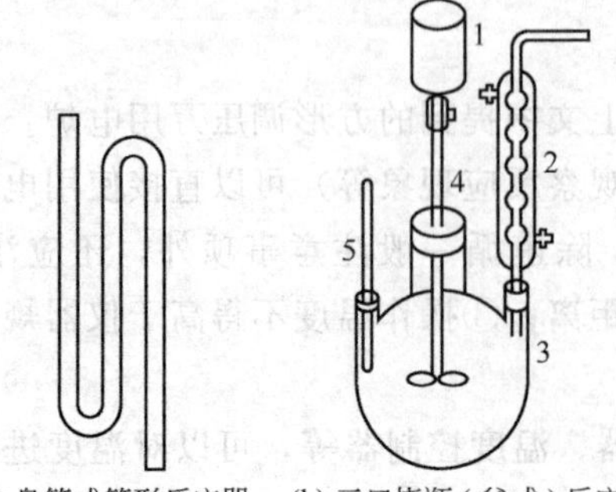

图 1-3　均相反应器

1—电动搅拌器；2—回流冷凝器；3—三口烧瓶（反应器）；4—搅拌器；5—温度计

如图 1-3 所示，（a）是气相均相反应采用的盘管式管形反应器；（b）是液相反应通常采用的三口烧瓶（釜式）反应器，它带有回流冷凝器、电动搅拌器、温度计等。加热方式有浴热、电热套等。

2. 气-液相反应器

气-液相反应是气体和液体之间的反应。气-液相反应主要适用于两种情况：一是气体的净化与分离（气体的化学吸收），如用碱性溶液脱除气体（裂解气、合成气等）中的酸性气体 H_2S、CO_2 等；二是制备化工产品，如液体烃的氯化、氧化、烷基化等反应。后者气相往往是反应物，液相则可能有三种：即反应物，液体催化剂，或者既有反应物又有催化剂。

用于气体吸收，常用喷雾反应器与填料式反应器，如图 1-4 所示。图 1-4（a）为喷雾反应器，它是直径为 35～45 mm、长 200～250 mm 的玻璃制品。反应器顶端为液体物料喷嘴，压缩气体由喷嘴快速喷出，造成喷嘴处负压，从而将液态物料从另一进口吸入。气、液相遇，便形成雾状液滴。反应气体由下侧管口进入，与液态雾状物料逆流接触进行化学吸收；液体产物从下口排出，尾气则由上端侧口排出。

图 1-4（b）为实验室常用的填料式反应器，其内部放置填料，液体由喷头自反应器顶端喷淋而下，润湿填料表面。气体自反应器底部进入，经气体分配盘以连续相的形式向上流动，与填料表面的液层接触。有时为了避免在高气速时液泛，也可以采用自上而下并流流动，以增大在反应器中气液相的接触时间。

压缩气体 液体物料 尾气排出口 反应气入口 液体产物

(a) 喷雾反应器

液体物料 液体产物

(b) 填料式反应器

图 1-4 气体净化与分离的气-液相反应器

用于制备产品的气-液相反应常采用鼓泡式气-液相反应器，如图 1-5 所示。反应器有供热和除热设施，对反应有较好的控温装置。由于鼓泡式反应器结构简单合理，操作方便，在实验室及工业生产上是最常用的气-液相反应器。

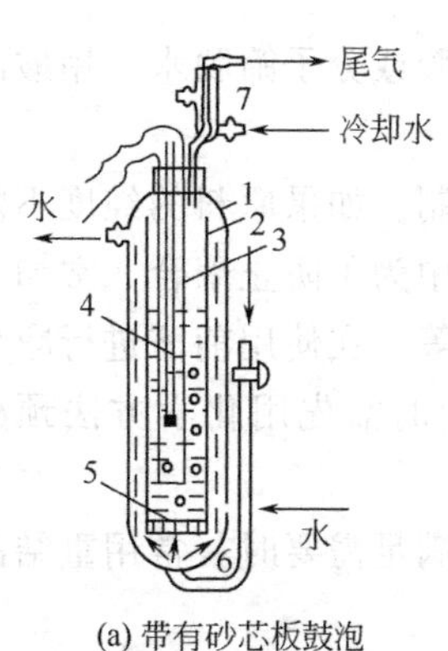

(a) 带有砂芯板鼓泡器的气-液反应器

1—反应器；2—夹套；3—加热电阻丝；4—长脚温度计；5—砂芯板；6—冷却水入口；7—水冷凝器

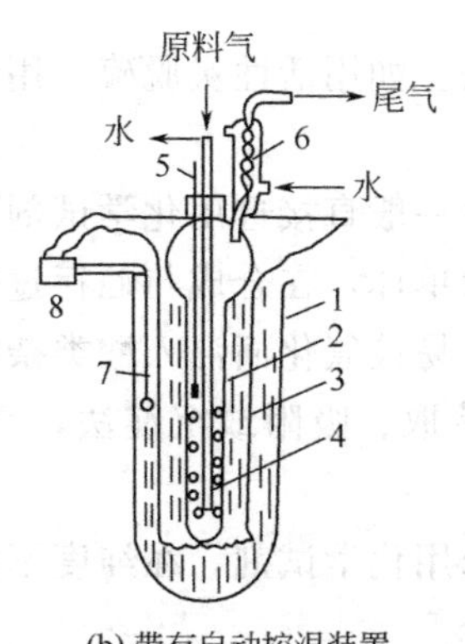

(b) 带有自动控温装置的气-液反应器

1—浴热槽；2—反应器；3—加热电阻丝；4—鼓泡器；5—长脚温度计；6—水冷凝器；7—控温热电偶；8—电位差计

图 1-5 气-液相反应装置

随着化学工业的迅速发展，气-液相反应的应用日益增多。出现这种趋势的主要原因，是高效液体催化剂的不断发展、新工艺的不断出现，使气-液相反应过程的经济指标不断改善的结果。

3. 气-固相反应器

反应物呈气态、催化剂为固体颗粒的化学反应称为气-固相反应。气-固相反应所采用的反应器，按反应床型分为绝热固定床式、管式固定床式和流化床式三种。

绝热床式反应器是最简单的气-固相反应器。其反应层与外界绝热，但反应层温度并不均一，所以它只适于对温度不太敏感的反应或热效应很大的吸热反应。它的反应层不能太厚，反应要分为多段进行。对于反应热效应较大、要求转化率高、对温度较为敏感的放热反应，实验室多采用管式固定床反应器。流化床反应器与固定床反应器不同，它采用小颗粒的催化剂，颗粒处于不停的流动状态。因此，流化床既有利于内扩散控制的反应，又强化了催化剂层的传热，使反应层内温度均匀；但由于催化剂始终处于流动状态，互相碰撞的机会多，催化剂的磨损较大。对某些反应，流化床的转化率及选择性不及固定床。

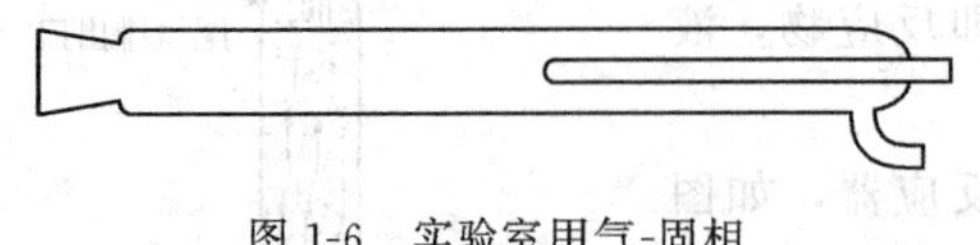

图 1-6　实验室用气-固相催化反应器结构示意图

在合成实验里，固定床反应器是应用较多的一种。这种反应器是由实验者根据实验目的和实验条件，自行设计与制作的一种非定型反应器。

实验室常用的气-固相反应器如图 1-6 所示。反应器左边翻边开口，塞橡胶塞；胶塞打孔插反应气体进气管。器身部分直径约 30mm，长约 450mm；器身右端下部为产物气弯形出口，直径 8mm，长约 30mm。器身右端密封，熔接同心的温度计套管；套管长约200mm，内径应保持正好插入温度计。

反应器采用高温硬质玻璃制成，特点是轻便、灵巧，可以夹在实验铁架的任意位置上操作。

三、原料系统配置

原料供给系统的配置包括：原料的制备与净化；原料的输送与计量。

1. 原料的制备与净化

(1) 气体原料　在实验室中气体原料有两种来源：一是直接选用气体钢瓶，如 O_2、CO_2、H_2、N_2、SO_2 等；二是用化学药品制备，如用硫酸和硫化钠制备 H_2S 气体，用甲酸在硫酸中热分解制备 CO 等。气体混合物的制备是将各种气体分别计量后混合而成。为减小原料配比变化对系统的影响，如能精确控制和计量各种气体的流量，则应将气体分别输送，仅在反应器入口处才相互混合；若不能精确控制流量，则应预先将气体配制成所需的组成，贮于原料罐备用。

气体净化通常采用吸附和吸收的方法。如用活性炭脱硫、用硅胶或分子筛脱水、用酸碱液脱除碱雾或酸雾等。

(2) 液体原料　在实验室中液体原料一般直接选用化学试剂配制。如果原料的纯度不能满足实验的要求，比如，聚合反应所用的单体，在合成与贮存过程中为了防止聚合，常加入一些阻聚剂。苯甲醛由于化学性质活泼、易被氧化而混入酸类杂质等，在使用前需进行净化处理。处理的方法通常是蒸馏、精馏、萃取、吸附或沉淀法，必要时需先用化学方法预处理，如用稀酸或稀碱洗涤等。

(3) 固体原料　固体原料一般直接选用化学试剂，在纯度不能满足需要时，常用重结晶或者升华的方法进行净化处理。

2. 原料的输送与计量

原料输送方式可分为连续式、半连续式和间歇式，输送方式的选择一般是从实验的技术要求、设备特点、操作的稳定性和灵活性等方面加以考虑的。

在反应器的操作中，原料输送方式常应满足两方面的要求：一是反应选择性的要求，即通过加料方式调节反应器内反应物的浓度，抑制副反应；二是操作控制的要求，即通过加料量来控制反应速度，以缓解操作控制上的困难。如对强放热的快反应，为了抑制放热强度，使温度得以控制，常采用分批加料的方法控制反应速度。

计量是原料组成配制和流量调控的重要手段。准确的计量必须在流量稳定的情况下进行，所以计量由稳压装置和计量仪表两部分组成。

(1) 气体原料　气体稳压常用水位稳压管或稳压器，前者用于常压系统，后者用于加压或高压系统。

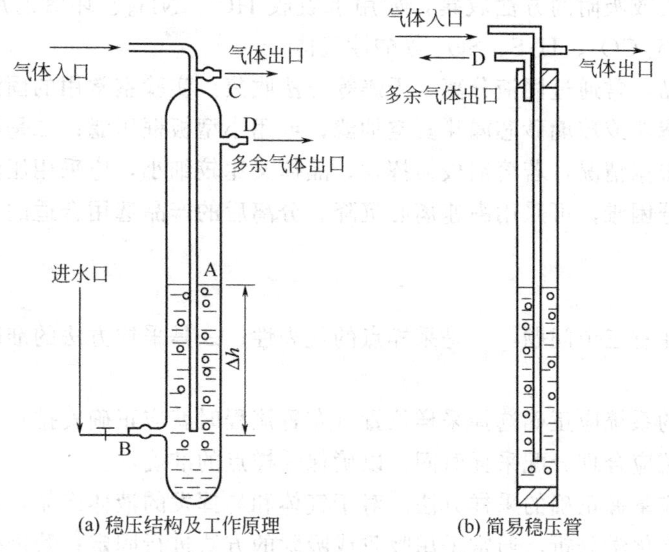

(a) 稳压结构及工作原理　(b) 简易稳压管

图 1-7　气体稳压管

① 水位稳压装置及操作　图 1-7 (a) 所示为玻璃制品的气体稳压管，其直径为 25～30 mm，长为 1000～1500mm，管内是一根直径为 7～8mm 的同心圆。下支口是进水管，用以调节液柱水位。图 1-7 (b) 是自制的简易稳压管。

稳压管水位高度 Δh 由进水口螺丝夹 B 来调节。液面到进水口 B 之间距离为 Δh，系统压力由 Δh 的大小进行控制。Δh 产生的压力若大于系统压力，则气体不能通过液柱；若略小于系统压力，则气体能克服液柱阻力而鼓泡通过液面。因此，应预先调定液面高度，若气路系统一旦压力增高，多余气体就会从稳压管上侧口 D 处放空，从而使支管 C 排出的气体压力因 Δh 恒定而稳定不变。在气体输送中采用这种稳压装置，输出的气体压力就能达到恒定。Δh 的高度，调到刚好有少量气体鼓泡而出为宜。如果液柱差 Δh 产生的压力太小，气体通过液柱因阻力太小而呈沸腾状并有大量气泡冒出，这不但使稳压管中的水有冲出的危险，而且水冲出后又使液柱高度 Δh 变小，使系统压力发生变化，达不到气体稳压目的。

② 气体流量的计量　根据不同情况可选用转子流量计、锐孔流量计（毛细管流量计）、皂膜流量计、湿式流量计等（具体使用方法见第二章第二节）。

(2) 液体原料　液体稳压常用高位稳压管或高位槽。高位稳压管如图 1-8 所示，是直径为 30～40 mm、长为 150～200 mm、上端开口的玻璃制品。通过中心回流管回流液体，保持液面稳定。液体的计量常选转子流量计、计量泵等。

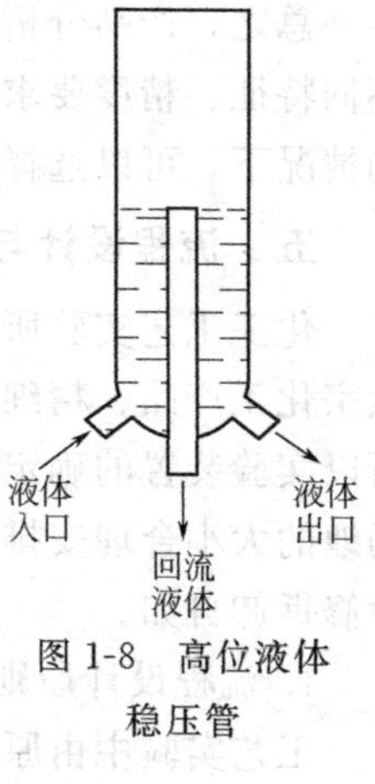

液体入口　液体出口　回流液体

图 1-8　高位液体稳压管

四、产品收集与质量分析

实验中，做好产品的收集与质量分析工作十分重要。正确收集和处理产品目的有两个：一是为了分析产品需要；二是为了实验室环保。由于产品的质量是全面评价实验效果的一项重要指标，需要通过一定的分析方法来获取，所以必须做好此项工作。

1. 产品收集

在实验室，气体产品的收集和处理一般采用冷凝、吸收或直接排放的方法。对于常温下可以液化的气体，采用冷凝法收集，如甲醇、苯乙烯及各种精馏产品等。对于常温下不凝性气体，则采用吸收或吸附的方法收集，如用水吸收 HCl、NH_3、环氧乙烷等气体，用碱液或固体 NaOH 固定 CO_2、H_2S、SO_2 等酸性气体。

对于固体产品，常通过固液分离、干燥等方法收集。实验室常用的固液分离方法：一是过滤，即用布氏漏斗或玻璃砂芯漏斗真空抽滤，或用小型板框压滤；二是高速离心沉降。具体选哪种方法应根据情况，若溶剂极易挥发，晶体又比较细小，应采用压滤。若晶体极细且易黏结，过滤十分困难，可采用高速离心沉降。分离后的产品选用合适的方法干燥，称重后妥善保存。

2. 产品采样

产品采样应注意三个问题：一是采样点的代表性；二是采样方法的准确性；三是采样对系统的干扰性。

对连续操作的系统应正确选择采样位置（布置流程时就应正确安排），使之最具代表性。对间歇操作的系统应合理分配采样时间，以确保采样点的准确性。

实验中，还应掌握正确的采样方法。对于气体和易挥发的液体产品，采样时，应设法防止其逃逸。若进行化学分析，通常采用吸收或吸附的方法进行固定；若进行色谱分析，通常直接在线采样或用橡皮球采样。对于固体产品，应在预先干燥并充分混合均匀后再采样。

3. 产品分析

产品分析一般包括外观检验、定性鉴别和含量（纯度）测定等几个方面。外观是反映物质的最基本的特征，它包括形态、颜色、气味以及灼烧现象等，分析产品应首先对外观进行初步检验之后，再进一步测定。

定性鉴别和含量测定的方法很多，通常包括物理常数的测定、光谱分析、色谱分析和化学反应分析等内容。通过对物理常数如熔点、沸点、密度、折射率等的测定，在一定程度上可以反映产品的内在质量。如需要进一步分析，则要根据产品的结构和特点采取相应的方法。化学分析法由于方便实用、准确度高，长期以来是重点采用的方法；色谱分析法的最大特点是可以把试样中各种性质极类似的组分分开，再加以检出或测定，是一般化学分析方法难以做到的；光谱分析法根据不同物质对光吸收或光辐射的不同，把物质相互区分开来，以达到分析的目的。近年来，随着分析仪器的发展与完善，光谱分析法和色谱分析法在化工产品分析中得到越来越广泛的应用。

总之，产品分析的方法很多，具体需要分析哪些项目、通过什么方法，常常根据产品的不同特征、精度要求及现有的测试条件来决定。在试样组成较单纯或对产品精度要求不很高的情况下，可以选择测试其中部分项目，作为检验产品的基本依据。

五、流程设计与安装

化工工艺实验所涉及的内容很广，包括了从原料到产品的全过程。从实验范围上涵盖了大宗化工产品、精细化工产品、医药产品等多个领域。这些不同领域的实验技术各有特点，所以实验装置的确定与流程的布局，应根据各自实验过程的特点、实验仪器设备的多少以及场地的大小合理安排。在满足实验要求的前提下，力争做到布局合理美观，操作安全方便，检修拆卸自如。

1. 流程设计原则

工艺实验中由原料到产品，大体要经过如图 1-9 所示的几个步骤。

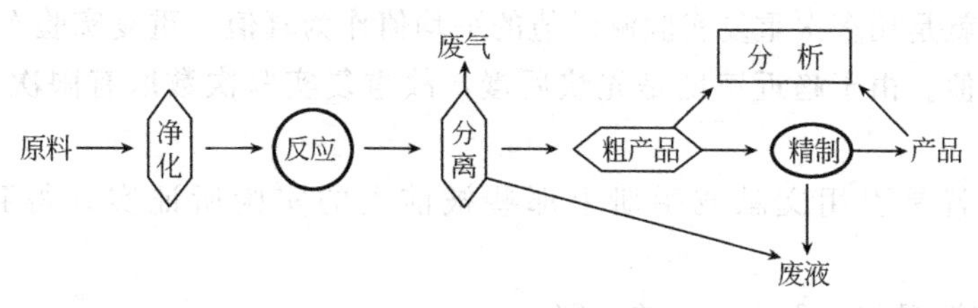

图 1-9　实验过程的构成

以上这些步骤，可以归纳为两类：一类过程是以化学反应为主，通常在反应器中进行；另一类过程并未进行化学反应，如原料配制、产品分离等。实验前，应认真分析研究对象的特征，确定合适的反应器以及其他相关的仪器仪表，然后设计、组织流程。实验流程的设计大致可遵循以下原则：

① 确定反应相态，分析各相态的动力学规律，决定采取什么样的反应器和实验手段；

② 按相态传质和传热的不同要求，确定反应器的基本形式；

③ 根据给出的工艺条件范围，选择合适的配套装置和单元操作方式；

④ 根据实验目的和精度要求，合理选择不同规格、不同精密度的仪器仪表。

2. 流程安装注意事项

① 流程设计确定后，绘制成流程草图，按图中要求列出所需仪器、设备及一切物品的名称、规格、型号以及需要的数量一览表。

② 物质准备齐全后，根据实验室环保要求及实验特点，选择实验场所。例如，实验物料或实验过程中产生的物质对环境有污染，应在通风橱内隔离进行；流程长、步骤多，应选择矮台大实验架等。

③ 安装流程顺序一般在操作位置从左至右排列。

④ 流程中玻璃仪器安装要紧凑、端正且牢固。

⑤ 连接管路尽量短，以便减少系统阻力，且外观整齐、紧凑。

⑥ 流程安装完毕，进行系统试漏（具体操作在实验实例中有详细介绍）。

第四节　实验结果分析与评价

一、实验误差与数据处理

实验研究的目的是希望通过实验数据获得可靠的、有价值的实验结果。而实验结果的可靠性和准确性，不能只凭经验主观臆断，必须用科学的、有理论依据的数学法或统计法加以分析、归纳，得到可靠的结果。

1. 实验误差

（1）误差的表达方法　通常误差有三种表达方法，即绝对误差、偏差和相对误差。

① 绝对误差是指测量值与真值的差。即

$$绝对误差=测量值-真值$$

严格地讲，真值是某量的客观实际值。一般情况下，绝对的真值是未知的，只能用相对的真值来近似。相对真值通常有三种：即标准器真值、统计真值和引用真值。

标准器真值，就是用高一级标准器作为低一级标准器或普通仪器的相对真值，但要求前者的精度必须是后者精度的 5 倍以上。

统计真值，就是用多次重复实验测量值的平均值作为真值。重复实验次数越多，统计真值越趋近实际真值。由于趋近速度是先快后慢，故重复实验次数取有限次（通常 3～5 次）即可。

引用真值，就是引用文献或手册上那些被前人的实验所证实并得到公认的数据作为真值。

② 偏差是指测量值与平均值之差。即

偏差＝测量值－平均值

③ 相对误差是误差在测量数值中所占的百分数。即

相对误差＝（误差/真值）×100％

由于一般情况下误差总是很小的值，所以，可以用测量平均值或测量值代替真值。即

相对误差≈（误差/测量值）×100％

（2）误差的分类　根据其性质和来源，误差可分为系统误差和偶然误差。

① 系统误差，是指由于测量过程中某些经常性的原因所造成的误差。它对测量结果的影响比较固定，在同一条件下的重复测量中会重复出现，使测量结果偏高或偏低。一般，它能预先估计，可以通过适当校正而将其消除。

② 偶然误差，是指实验中普遍存在的误差，在相同条件下多次测量时，误差的绝对值和符号时大时小、时正时负，故偶然误差又称随机误差。这类误差不能预计，但具有抵偿性，增加测量次数，偶然误差的平均值趋于零。

（3）准确度和精度　不准确度是指测量结果偏离真值的程度，习惯又称之为“准确度”，其含义乃是不准之意。值得注意的是，目前国际上误差名词尚未统一，有时文献中同一名词的含义却不尽相同，使用时注意正确理解。

精度是指测量结果偏离平均值的程度，常用偏差来表示。精度这个词也常用作泛指性的广义名词。例如，实验相对误差为 0.01，则常笼统地说精度为 10^{-2}，如果是由系统误差与随机误差共同引起，则可以说其准确度为 10^{-4}。

（4）有效数字及其运算规则　在实验中，不仅要准确测量，而且要正确地记录和计算。记录的数字不仅表示数量的大小，而且要正确地反映测量的精确程度。例如，用电位差计测量热电偶的热电势，记为 0.7649mV 或记为 764.9μV，反映的精度是相同的，即第四位数字是可疑的，可能有上下一个单位的误差，即 0.00005mV 或 0.05μV。通常，称这一测量值具有四位有效数字。测量结果用几位数字表示，取决于测量仪器的精度和测量值的大小。

有效数字的运算规则可参见《基础实验》的有关内容。

2. 数据处理

在实验过程中所获得的实验数据，常常需要加工整理或进一步推算出其他参量。这些原始数据和一系列计算结果需要用最合适的方式表示出来。在化工工艺实验中，常用的数据处理方法有以下几种。

（1）实验数据列成表格　将实验测得的一组数据或根据测量值计算得到的一组数据，按照自变量和因变量的原样，依一定的顺序一一对应列出数据表。列数据表需注意以下事项：

① 表格要有简明扼要而又符合内容的标题名称；

② 项目应写明名称、符号及单位，当数据的数值很大时，应采用科学记数法，例如，$p=1.42\times10^{-3}$ MPa，当列表时，项目名称写为 $p\times10^{3}$/MPa，而表中数字写为 1.42；

③ 数字的写法应注意有效数字的位数，每列之间小数点对齐；

④ 若直接记录实验数据作表，则在实验中应注意自变量尽可能取等间距和整数。

(2) 实验数据整理　将实验数据的函数关系整理成图形，形式直观，容易理解。绘制图形需注意以下几点：

① 坐标分度的选择，要反映实验数据的有效数字，并与被标数值的精度相一致，坐标分度不一定从零开始，要使图形尽量占满全坐标纸，注意在坐标轴两端要标明变量名称、符号和单位；

② 在同一图形中欲表示几种测量值，则各点要用不同符号（如·、#、Δ、×等），以示区别；

③ 实验曲线以直线最易标绘，使用也方便，因此数据处理时，尽量使曲线直化。

例如，反应速率常数与温度的关系为

$$k_T = k_0 e^{-E/RT}$$

若两边取对数，则

$$\ln k_T = -\frac{E}{R} \times \frac{1}{T} + \ln k_0$$

用对数坐标纸作 k_T-$1/T$ 的关系图，得到一条直线；或者在普通直线坐标上绘制$\ln k_T$-$1/T$ 的关系图，也是一条直线。

二、实验评估

实验评估是开发工作中不可缺少的一个环节。通过评估，可以对所开发项目在技术、经济、安全、环保等方面的实际水平有较为全面的了解，为过程开发提供依据，对工业化前景作出预测。

1. 常用指标

(1) 转化率　系指在化学反应体系中参加反应的某种原料量占通入反应体系中该原料总量的百分数。转化率数值的大小反映该种原料在反应过程中的转化的程度。如果由于反应本身的能力或催化剂性能等因素的影响，使得原料的转化率较低，常常需要把未反应的反应物从反应后的产物混合物中分离出来，以便循环使用，提高原料的利用程度。所以，对再循环过程，按选择体系的不同，转化率又分为单程转化率和总转化率。

① 单程转化率　以反应器为研究对象，参加反应的反应物量占通入反应器的反应物总量的百分数为单程转化率。

② 总转化率　以包括反应器和分离器的全循环体系为研究对象，参加反应的反应物量占通入循环体系的新鲜反应物量的百分数为总转化率。

$$总转化率 = \frac{参加反应的反应物量}{进入循环体系的新鲜反应物量} \times 100\%$$

参加反应的反应物量＝进入循环体系的新鲜反应物量－从循环体系排出的反应物量

以乙炔与醋酸气相合成醋酸乙酯（见实验四）为例，原料乙炔的循环过程如图 1-10 所示。

该反应体系中乙炔的单程转化率较低，但未反应的乙炔经分离后循环使用，使得乙炔的总转化率大大提高。

从经济观点看，总希望提高单程转化率，但有时单程转化率提高后，往往使得反应过程的不利因素相应增加，如副反应比例增加、反应停留时间过长等。所以，要根据反应自身的特点及实际经验，综合考虑，以控制合适的转化率。

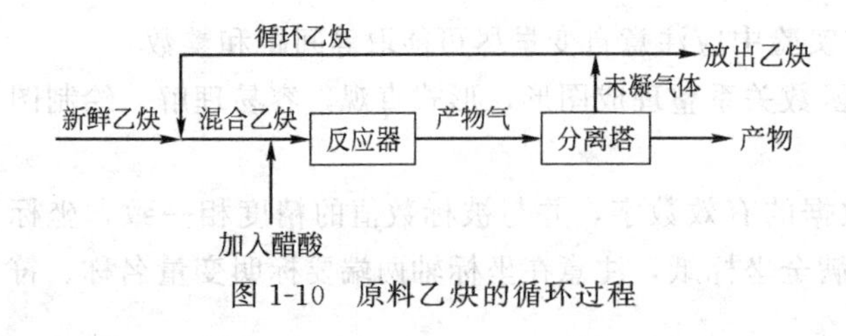

图 1-10　原料乙炔的循环过程

(2) 产率和收率　产率是指某一产物的实际产量占按限制反应物参加反应的总量计算所得该产物理论产量的百分数。产率包括目标产物的产率和副产物的产率。目标产物的产率亦称主产率或选择性。

反应过程的收率是指某一产物的实际产量占按限制反应物加入量计算所得该产物理论产量的百分数；物理过程（如分离、精制等）的收率是指得到目标产品的质量占加入原料质量的百分数。

(3) 产品质量　包括产品外观、纯度、杂质的成分及含量等，或者说产品所达到的级别。它是工艺实验效果的具体体现。

(4) 原料消耗　成本核算的主要依据之一。它是指得到单位质量的产品所消耗的所有原、辅材料的量，又分为理论原料消耗和实际原料消耗。

① 理论消耗　以化学反应式为基础计算所得到的原材料的消耗量，用 $A_{理}$ 表示。

② 实际消耗　在实际操作中，由于有副反应的发生以及各个环节（如随"三废"，设备阀门的跑、冒、滴、漏，操作不慎等）中难以避免的原料损失，致使原料的实际消耗要大于理论消耗。若将系统中原料的损失均计算在内，得出的原料消耗为实际消耗，用 $A_{实}$ 表示。"$A_{实}$"与"$A_{理}$"的关系为：

$$(A_{理}/A_{实})\times 100\% = 原料利用率 = 1 - 原料损失率$$

通常，总希望通过实验，对工艺条件、设备装置等进行优化选择，以达到提高原料利用率的目的。

(5) 原子利用率　关于原子利用率的概念、计算方法及其意义在本书第 8 页中已有较详细的介绍，这里不再重复。

2. 评价内容

(1) 技术与经济评价　技术和经济是相辅相成、密不可分的两个方面。只有在技术可靠、经济合理的前提下，新技术才有应用价值，产品才有市场竞争性。

技术与经济所包含的内容很广，它们贯穿于开发工作的始终。在工艺实验中，反应物转化率、产品收率、产品质量等这些具体的指标，仅从一个方面体现了该项目的技术状况；而产品成本则是构成经济指标的一个主要方面。

在实验室研究阶段，由于其自身的特殊性，对产品成本往往只是个粗略的估算；而对原料消耗费用，则能够较准确的计算出。

现以实验二十六 2,6-DTBQ 的开发实验为例，说明产品成本的计算方法。

① 催化剂成本（以生产 1kg 催化剂为基准）　按表 1-4 计算。

表 1-4　催化剂原料的成本计算

项目＼名称	水杨醛	乙二胺	氯化亚钴	NaOH	NaOAc
消耗定额/g	827	203.8	767.7	25.65	16
单价/（元/kg）	38	40	35	69	15
费用/元	31.43	8.15	26.87	1.77	0.24
合计/元	68.46				

② 产品成本（以生产 1 kg 产品为基准） 按表 1-5 计算。

表 1-5 产品原料的成本计算

项 目 \ 名 称	催化剂	2,6-DTBQ	DMF	项 目 \ 名 称	催化剂	2,6-DTBQ	DMF
消耗定额/g	82	1346	2450	费用/元	5.61	20.19	24.5
单价/(元/kg)	68.46	15	10	合计/元	50.3		

由表 1-5 的计算可知，实验中 2,6-DTBQ 的原料成本为 50.3 元/kg。根据具体情况，合理地摊入其他费用，就可得出该产品的实验室生产成本。通过对产品进行质量检测，成本核算，结合所掌握的相关信息，就可以初步估计出实验开发工作的实际水平。

(2) 安全与环保评价 实现安全生产、保护环境是对化工生产的基本要求。但在有些生产中，不可避免地要用到有毒、有害物质，甚至易燃易爆的原料，这时，要采取一切安全和环保措施来消除其危害。在实验室研究阶段就应该充分考虑到这些。

三、实验报告与科技论文的撰写

1. 实验报告的撰写

实验报告是进行实验总结的依据。实验报告要体现原始性、纪实性、试验性的特点，把实验中所有的原始数据和需要观察的现象都写进去，以便作为今后参考的依据。

具体写作格式如下。

(1) 标题 实验题目。

(2) 作者 写明作者（实验者）的专业、班级和姓名。

(3) 实验目的 写出本实验预期达到的教学目的。

(4) 实验原理 有条理地写出实验的理论依据与实验所采用的方法。

(5) 实验装置及流程 画出装置及流程简图，并列出实验所用仪器、设备的规格和数量。

(6) 实验过程 详述实验步骤和操作、分析方法，指明操作、分析的要点。

(7) 实验记录 以表格的形式，记录好实验的原始数据、现象及有关的操作。

(8) 实验结果 通过计算和整理，将实验结果以表格或图示等形式反映出来，并对存在的问题和产生的误差，作出理论上的分析，说明自己的观点和见解。

2. 科技论文的撰写

科技论文是以新理论、新技术、新设备、新发现为对象，通过判断、推理、论证等逻辑思维的方法以及分析、测定、验证等实验手段来表达科学研究中的发明和发现的文章。它具有科学性、学术性和创造性的特点。

具体写作格式如下。

(1) 论文题目 应体现论文的主题，题目用词要注意以下问题：

① 有助于选定关键词，提供检索信息；

② 避免使用缩略词、代号或公式；

③ 题名要概括精练，一般不超过 20 个字。

(2) 作者名、单位及联系地址 要求署名作者的真实姓名、单位与邮政编码。

(3) 论文摘要 摘要是论文主要内容的简短陈述，应说明研究的对象、目的和方法，研究得到的结果、结论和应用范围。重点要表达论文的创新点及相关的结论和结果。

摘要应具独立性和自含性，即使不读原文，也能够据此获得与论文等同量的主要信息，可供文摘等二次文献直接选用。中文摘要一般200～300字。为便于国际交流，应附有相应的外文摘要（约250个实词）。摘要中不应出现图表、化学结构式及公用符号和术语。

（4）关键词　为便于文献检索而从论文中选出的，用于表达主题内容和信息的单词、术语。一般可选3～8个关键词，尽可能在文章的题目和摘要中摘取。

（5）引言（前言，概述）　说明主题的背景和理由，研究的目的和意义，前人的工作积累和本文的创新点，提出拟解决的问题和解决的方法。

（6）理论部分　说明课题的理论及实验依据，提出研究的设想和方法，建立合理的数学模型，进行科学的实验设计。

（7）实验部分

① 实验设备及流程　说明实验所用的主要设备、仪器名称、型号。对自行设计的非标设备需简要说明其设计原理与依据，并对其测试精度做出检验和标定；然后，简述实验流程。

② 实验原料及操作步骤　说明实验所用原料的名称、来源、规格；简述实验操作步骤，对影响实验结果、操作稳定性和安全性的重要步骤应详细说明。

③ 实验方法　说明实验的设计思想、运作方案、分析方法及结果处理方法。对体现创新思想的内容和方法要叙述清楚。

（8）结果及讨论

① 整理实验结果　将观察到的实验现象、测定的实验数据和分析结果以适当的形式表达出来，如列表、图示或照片等。将准确可靠、有代表性的数据整理表达出来，为实验结果的讨论提供依据。

② 结果讨论　对实验现象及结果进行分析论证，提出自己的观点与见解，总结出具有创新意义的结论。

（9）结论　言简意赅的表达：实验结果说明了什么问题；得出了什么结论；解决了什么问题；对前人的研究成果作了哪些修改、补充、发展、论证或否定；还有哪些有待解决的问题。

（10）符号说明　按英文字母的顺序将文中所涉及的各种符号的意义、计量单位注明。

（11）参考文献　根据论文引用的参考文献编号，详细注明文献的作者及出处。这一方面体现了对他人著作权的尊重，另一方面有助于读者查阅文献全文。

第二章　化工实验常用技术

第一节　实验室安全与环保技术

一、实验室安全技术

在化工类实验中，经常要使用易燃溶剂（如乙醚、乙醇、丙酮、苯等）、易燃易爆气体和药品（如氢气、乙炔、干燥的苦味酸等）、有毒药品（如氰化钠、硝基苯、某些有机磷化合物等）、有腐蚀性的药品（如氯磺酸、浓硫酸、浓硝酸、浓盐酸、烧碱及溴等）。这些药品若使用不当，就有可能产生着火、爆炸、烧伤、中毒等事故。此外，玻璃器皿、煤气、电器设备等使用或处理不当也会产生事故。但是，这些事故都是可以预防的。只要实验者树立安全第一的思想，认真准备并了解所做实验中用到的物品和仪器的性能、用途、可能出现的问题及预防措施，掌握相关知识，集中注意力，严格执行操作规程，加强安全措施，就能有效地维护人身和实验室的安全，确保实验的顺利进行。

1. 实验整体要求

(1) 充分认识化学实验的危险性，树立安全意识和自我保护意识。

(2) 进行实验前要预习，了解实验涉及的原料和产品的理化性质、危险特性及防护措施，熟悉实验过程的注意事项，明确实验目的、原理、方法、步骤。

(3) 实验开始前应检查仪器是否完整无损，装置是否正确稳妥。蒸馏、回流和加热用仪器，一定要和大气接通或与大气相接处套一气球。

(4) 实验进行时应该经常注意仪器有无漏气、破裂，反应进行是否正常等情况。

(5) 易燃、易挥发物品，不得放在敞口容器中加热。

(6) 有可能发生危险的实验，在操作时应加置防护屏或戴防护眼镜、面罩和手套等防护设备。

(7) 玻璃管（棒）或温度计插入塞中时，应先检查塞孔大小是否合适，然后将玻璃切口熔光，用布裹住并涂少许甘油等润滑剂后再缓缓旋转而入。握玻璃管（棒）的手应尽量靠近塞子，以防因玻璃管（棒）折断而割伤皮肤，最好戴手套。

(8) 要熟悉安全用具如灭火器、砂桶以及急救箱的放置地点和使用方法，并妥善保管。安全用具及急救药品不准移作它用，或挪动存放位置。

(9) 实验中所用药品，不得随意散失、遗弃。对反应中产生有害气体的实验，应按规定处理，以免污染环境，影响身体健康。

(10) 实验结束后要及时洗手，严禁在实验室内吸烟、喝水或吃食品。

(11) 实验结束应全面检查实验室，并关闭水、电、煤总开关和门窗。

2. 火灾、爆炸、中毒、触电事故的预防

(1) 火灾与爆炸事故预防　实验中使用的有机溶剂大多是易燃的。因此，盛有易燃有机溶剂的容器不得靠近火源。实验室中不应储存较多的易燃有机溶剂。严禁在冰箱中存放含有易燃有机溶剂的物料，以免发生危险。对于需要冷却保藏的有机溶剂应放在防爆冰库中。

易燃有机溶剂（特别是低沸点易燃溶剂）在室温时即具有较大的蒸气压。空气中混杂易燃有机溶剂的蒸气达到爆炸极限时，遇到明火即发生燃烧爆炸，而且多数有机溶剂蒸气的密度较空气大，会沿着桌面或地面飘移至较远处，或沉积在低洼处，因此，切勿将易燃溶剂倒入废物缸中，更不能用开口容器盛易燃溶剂。倾倒易燃溶剂应远离火源，最好在通风橱内进行。蒸馏易燃溶剂（特别是低沸点易燃溶剂），整套装置切勿漏气，接收器的支管应与橡皮管相连，使余气通入水槽或室外。表 2-1 是常用易燃溶剂蒸气爆炸极限。

表 2-1 常用易燃溶剂蒸气爆炸极限

名　称	沸　点/℃	闪点/℃	爆炸范围(体积分数/%)
甲醇	64.50	11	6.72～36.50
乙醇	78.5	12	3.28～18.95
乙醚	34.51	−45	1.85～36.5
丙酮	56.2	−17.5	2.55～12.80
苯	80.1	−11	1.41～7.10

回流或蒸馏液体时应加入沸石，以防溶液因过热暴沸而冲出。若在加热后发现没有放沸石，应停止加热，等稍冷后再放。否则在过热溶液中加入沸石，会导致液体迅速沸腾，冲出瓶外而引起火灾。不要用火焰直接加热烧瓶，而应根据液体沸点高低使用水浴、油浴、电热套等。冷凝水要保持畅通，若冷凝管忘记通水，大量蒸气来不及逸出也易造成火灾。常压操作时应使装置与大气相通，切勿造成密闭体系。减压蒸馏时，要用圆底烧瓶接收器，不可用锥形瓶，否则可能会发生炸裂，加压操作时（如高压釜、封管等）应经常注意釜内压力有无超过安全负荷，选用封管的玻璃厚度是否适当，管壁是否均匀，并要有一定的防护措施。

使用易燃、易爆气体时，要保持室内空气畅通，严禁明火，并应防止一切火星的产生，如由于敲击、鞋钉摩擦、马达炭刷或电器开关产生的火花。表 2-2 是常用易燃气体爆炸极限。

表 2-2 常用易燃气体爆炸极限

气体		空气中的含量(体积分数)/%
氢气	H_2	4～74
一氧化碳	CO	12.50～74.20
氨	NH_3	15～27
甲烷	CH_4	4.5～13.1
乙炔	$CH \equiv CH$	2.5～82.0

有些有机化合物遇氧化剂时会发生猛烈爆炸或燃烧，或实验中可能生成危险的化合物，操作时需特别小心。对于具有爆炸性的化合物，如叠氮化合物、干燥的重氮盐、硝酸酯、多硝基化合物等，使用时必须严格遵守操作规程。有些化合物如乙醚或四氢呋喃，久置后会生成易爆炸的过氧化合物，需特殊处理后才能使用。故对于危险性相对较高的化学品，应按照其标准存放要求单独存放。

实验期间因事离开实验室应通知其他实验人员，或根据要求关闭热源或电源。

(2) 中毒事故预防　实验工作中接触的化学药品，很多是对人体有毒的。它们对人体的毒害途径和程度各不相同，有些毒物可由几种途径进入人体，而有些毒物对人体的毒害是慢性的、积累性的，因此必须加以足够的重视。

开展实验之前，首先要了解实验药品、试剂和产物的毒性，做好人员防护工作，比如：

穿戴好实验服，佩戴防护眼镜、防毒口罩或防护面具，戴好实验手套等；并检查安全防护设备，比如：通风橱、排风扇、洗眼器、消毒器等。

对有强烈刺激性或有毒气体不宜多嗅，嗅气味时只能用手轻轻扇动。如有通风橱，可放在通风橱内实验。对于溴、汞及汞盐、氢氰酸及其盐类、砷的化合物、苯胺等药品必须妥善保管，使用时不能直接用手拿取，更不得进入口内或接触伤口，废液不能倒入下水道。

有毒药品应认真操作，妥善保管，不许乱放。实验中所有的剧毒物质必须有专人负责保管及收发，并应有两把锁，钥匙分别由两人保管。这类药品不准放在实验室的架子上，应储放在隔离的房间和柜内，建立保存与使用档案，并向使用者提出必须遵守的操作规程，应严格遵守《剧毒品保管、发放、使用、处理管理制度》。实验后有的有毒残渣必须做妥善而有效的处理，不准乱丢。附录 6 是常见化学毒物的特性及容许浓度。

(3) 触电事故预防　使用电器时，应防止人体与电器导电部分直接接触，不能用湿的手或手握湿物接触插头。为了防止触电，装置和设备的金属外壳都应该连接地线，实验室严禁随意拖拉电线。一般不要带电操作。特殊情况需要时，必须穿绝缘胶鞋，戴橡皮手套等防护用具。实验后应切断电源，再将连接电源的插头拔下。使用电器设备时，应先了解电器的使用规则，并应严格按照操作规程进行实验。遇触电时，必须先切断电源。对使用高电压、大电流的实验，至少由 2～3 人以上操作。

3. 事故的处理与急救

倘若遇事故应立即采取适当措施并报告教师或实验室管理人员，根据状况可联系医疗救助。

(1) 火灾　如果一旦发生了火灾，应保持沉着冷静，不必惊慌失措，并立即采取各种相应措施，以减小事故损失。首先，应立即熄灭附近所有的火源（关闭煤气），切断电源，并移开附近的易燃物质。若少量溶剂（几毫升）着火，可任其烧完。试剂瓶内溶剂着火可采用盖熄法（如：湿布盖熄）。其他小火可用湿布或黄沙盖熄。火较大时应根据具体情况采用下列灭火器材。

① 四氯化碳灭火器。用以扑灭电器内或电器附近之火，但不能在狭小和通风不良的实验室中应用，因为四氯化碳在高温时能生成剧毒的光气；此外，四氯化碳和金属钠接触也要发生爆炸。使用时只需连续扣动喷筒，四氯化碳即会从喷嘴喷出。

② 二氧化碳灭火器。是实验室中最常用的一种灭火器，它的钢筒内装有压缩的液态二氧化碳，使用时打开开关，二氧化碳气体即会喷出，用以扑灭有机物及电器设备的着火。使用时应注意，一手提灭火器，另一只手应握在二氧化碳喇叭筒的把手上。因喷出的二氧化碳压力骤然降低，温度也骤降，手若握在喇叭筒上易被冻伤。

③ 泡沫灭火器。内部分别装有含发泡剂的碳酸氢钠溶液和硫酸铝溶液，使用时将筒身颠倒，两种溶液即反应生成硫酸钠、氢氧化铝及大量二氧化碳。灭火器筒内压力突然增大，大量二氧化碳泡沫喷出。泡沫灭火器适用于扑救一般油制品、油脂等火灾，但不能扑救水溶性可燃、易燃液体的火灾，如醇、酯、醚、酮等物质火灾；也不能扑救带电设备、金属火灾。

无论用何种灭火器，皆应从火的四周开始向中心扑灭，而且必须站在上风向位置。使用灭火器时要注意周围是否有其他容器，因为灭火器喷出的阻燃物压力较大，可能将其他容器喷倒，造成更加严重的情况。

油和有机溶剂着火时绝对不能用水浇，因为这样反而会使火焰蔓延开来。若衣服着火，切勿奔跑，可用厚的外衣包裹使熄灭，或打开附近的自来水开关，用水冲淋熄灭。烧伤严重者应急送医疗单位。

(2) 烫伤　烫伤后患者创面应做清洗。先用生理盐水（温度较低最好）冲洗，剪去脱落的表皮，伤口及周围用1∶1000新洁尔灭或硫柳汞酊消毒。若形成大水泡，可以在泡底部剪破或用注射器抽去积液。轻伤也可涂以玉树油、鞣酸油膏或烫伤药膏。

(3) 试剂灼伤

① 酸。立即用大量水冲洗，再以3%～5%碳酸氢钠溶液洗，最后用水洗。严重时要消毒，拭干后涂烫伤油膏。

② 碱。当强碱溅到眼睛内或皮肤上时，应迅速用大量的清水冲洗，再用2%稀硼酸溶液清洗眼睛或1%的乙酸清洗皮肤。经过上述紧急处理后，应立即送医务所急救。

③ 溴。立即用大量水洗，再用酒精擦至无溴液存在为止，然后涂上甘油或烫伤油膏。

④ 钠。可见的小块用镊子移去，其余与碱灼伤处理相同。

⑤ 苯酚。立即用酒精洗涤伤处，再用大量水冲洗。

(4) 试剂溅入眼内　任何情况下都要先用大量清水冲洗受伤眼内15min以上，初步急救后应迅速送医疗单位。

(5) 割伤　取出伤口中的玻璃或固体物，用蒸馏水洗后涂上红药水或云南白药，用绷带扎住，大伤口则应先按紧主血管以防止大量出血，立即送医疗单位处理。

(6) 中毒　溅入口中尚未咽下者应立即吐出，用大量水冲洗口腔。如已吞下，应根据毒物性质给予解毒，并立即送医疗单位。

腐蚀性毒物：对于强酸，先饮大量水，然后服用氢氧化铝膏、鸡蛋白（也叫鸡蛋清）；对于强碱，也应先饮大量水，然后服用醋、酸果汁、鸡蛋清。不论酸或碱中毒皆再以牛奶灌注，不要服用呕吐剂。

刺激剂及神经性毒物：先给牛奶或鸡蛋清使之立即冲淡或缓和，再用一大匙硫酸镁（约30g）溶于一杯水中催吐。有时也可用手指伸入咽喉部促使呕吐，然后立即送医疗单位。

吸入气体中毒者，将中毒者移至室外，解开衣领或纽扣。吸入大量氯气或溴气者，可用碳酸氢钠溶液漱口。

(7) 电击伤　立即切断电源。用不导电物质（干燥木棍、橡皮带等）使病人脱离电源。心跳、呼吸停止者，就地急救，口对口人工呼吸，胸外心脏按摩。症状严重者，经初步急救后及早转送医院治疗。

二、实验室环保技术

1. 实验室环保操作

实验室操作应避免工艺过程中造成对人体或环境的危害，应基本遵循如下几点。

(1) 实验室所有药品以及中间产品，必须贴上标签，注明名称，防止误用和因情况不明而处理不当造成事故。

(2) 绝对不允许用嘴去吸移液管液体以获取各种化学试剂和溶液，应使用洗耳球等方法吸取。

(3) 在处理有毒或带刺激性物质实验前，应先打开通风橱。整个工艺操作必须在通风橱内进行，防止散逸到室内。

(4) 实验废液应根据物质性质的不同分别集中在废液桶内或回收溶剂桶内，桶要密闭，并贴上标签后存放于安全处，以便处理。注意：有些废液不可混合，如过氧化物和有机物、盐酸等挥发性酸和不挥发性酸、铵盐及挥发性胺与碱等。

（5）接触过有毒物质的器皿、滤纸、容器等要分类密闭收集后集中处理。

（6）一般的酸碱处理，必须在进行中和后用水大量稀释，然后才能排放到下水道。

（7）实验期间或处理实验产物时，一般要戴上防护眼镜和橡皮手套。处理既有刺激性又有挥发性的物料时，应在通风橱内进行，必要时戴上防毒口罩或防毒面具。

2. 实验室“三废”处理

实验室排放的废液、废气、废渣等虽然数量不大，但不经过必要的处理直接排放，会对环境和人身造成危害。要特别注意以下几点。

（1）废气　产生少量有毒气体的实验应在通风橱内进行，通过排风设备将少量毒气排到室外；产生大量有毒气体的实验必须具备吸收或处理装置。

（2）废渣　实验后的废渣应集中收集存放。少量有毒的废渣应埋于地下固定地点，或根据要求统一回收并统一处理。

（3）废液　对于废酸液，可先用耐酸塑料网纱或玻璃纤维过滤，然后加碱中和，调 pH 值至 6～8 后可排出；对于剧毒废液，必须采取相应的措施，消除毒害作用后再进行处理；实验室内大量使用的冷凝用水，无污染可直接排放；洗刷用的水，污染不大，可排入下水道；酸、碱、盐水溶液用后均倒入酸、碱、盐污水桶，经中和后排入下水道；有机溶剂集中回收于有机试剂污桶内，采用蒸馏、精馏等分离办法回收；重金属离子可采用沉淀法等集中处理。

第二节　化工测量技术

温度、压力和流量是化工类实验、科研和生产中的重要参数。正确掌握这些参数的测量方法，有助于对体系实施有效控制，使操作在最佳条件下进行，是实验成功的基础和保证。

化工实验常用的测量技术有流量、温度和压力的测量。

一、气体流量测量技术

测定气体流量的方法和所用的流量计种类很多，在化工实验中，常用湿式流量计、转子流量计、皂膜流量计和毛细管流量计等来测定气体的流量。

气体的体积随温度与压力的变化而变化，因此在校正或测量时都应记录工作温度与压力，若所测气体与水或水溶液有充分的接触机会，则测定的气体体积中实际上包含了饱和水蒸气的体积，从理论上说，应将水蒸气的体积扣除。

前述各种流量计适用于测定处于稳定状态下气体的体积流量，若被测气体温度、压力频繁变动时，则可采用质量流量计（差压式质量流量计、量热式质量流量计）来精确测定流量。

1. 湿式流量计（量气表）

湿式流量计是用来测定难溶于水或溶液的气体流量的常用仪器，属容积式流量计，它能把流量随时间变化的累积量指示出来，读值可靠、使用方便，但不适用于微小流量的测量。被校准过的湿式流量计可作为标准仪器来校正其他类型的气体流量计。

（1）构造及操作原理　湿式流量计主要由圆筒形外壳、转鼓和传动计数机构组成，如图2-1所示。

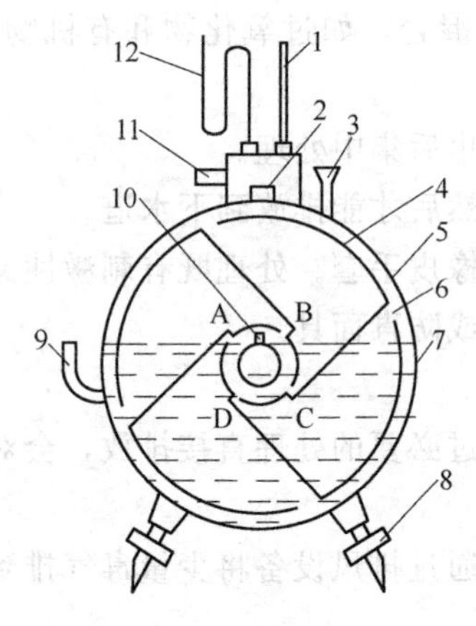

图 2-1　湿式流量计

1—温度计；2—水平仪；3—加水漏斗；4—转鼓；5—转鼓和外壳夹层空间；6—转鼓各室末端；7—外壳；8—调节支脚；9—溢流水管；10—进气口（后面）；11—出气口；12—压力计

转鼓内部空间被弯曲的叶片隔成四个容积相等的气室A、B、C、D，转鼓的下半部浸于水中，充水量由溢流水管9指示，当气体通过进气口10到湿式流量计中心孔进入转鼓小室A时，在气体对器壁的压力下，转鼓便以顺时针方向旋转，随着A气室漂浮出水面而升高，B室因转鼓轴的移动而浸入水面，同时B室中气体从末端6排往空间5，由出气口11导出。与此同时，D室随之上升，气体开始进入D室。由于各小室的容积是一定的，故转鼓每转动一周，所通过气体的体积是四个室容积的总和。由转鼓带动指针与计数器即可直接读出气体的体积流量。

（2）使用注意事项

① 使用时先调节支脚，使流量计放置水平。

② 从进水漏斗注入水至溢流管有水溢出。测量过程中应保证水面高度无变化。

③ 被测气体中含有腐蚀性气体或油蒸气时，在进入流量计之前需经吸收器除去。

④ 必须记录测定时的压力和温度，以便换算为标准状态下流量值。

⑤ 若在低于0℃温度下进行测量，须加防冻剂（如甘油），以防止结冰损坏仪器。

⑥ 使用完毕，应将流量计中封闭液排出，用蒸馏水洗净、吹干，置于干燥处存放。

（3）湿式流量计的校正　校正的目的是检验计数机构显示的字盘读数与流过的气体体积是否一致。校正方法如图2-2所示。校正前先使流量计2（已注满水）转动一周，观察指针转动是否均匀，若转动均匀，方可开始校正。先向集气瓶3中注水，同时向U形压力计加水至适当高度。打开进气阀1并调节开度，根据U形压力计两侧液位差，控制气体进入湿式流量计的流量大小，每次收集指针转动0.5 L刻度时的水量。读取量筒4中水的体积即为流量计校正值。重复2～3次，每次的差值在5%以内，校正即完毕。然后求出校正系数f。

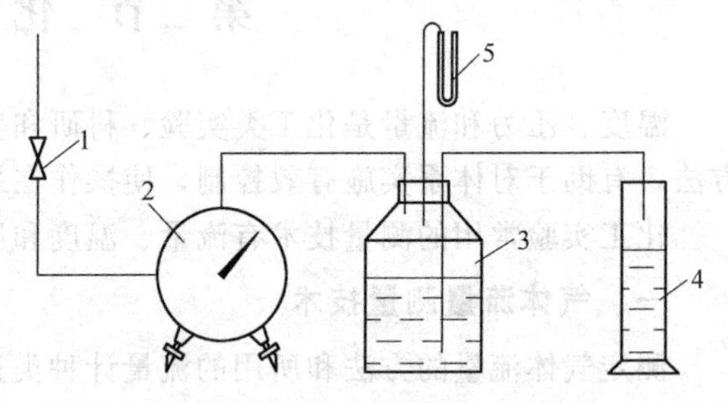

图 2-2　校正湿式流量计装置图

1—阀门；2—湿式流量计；3—集气瓶；4—量筒；5—压力计

$$f=\frac{\text{流量计校正值}}{\text{流量计指示值（读数）}}=\frac{\text{量筒中水的体积（L）}}{0.5\text{（L）}}$$

当用该湿式流量计测定气体流量时，将流量计的读数乘以校正系数f，即得真实的气体流量数值。

2. 转子流量计

在化工实验和生产中，常用转子流量计测量气体或液体的流量。其优点是灵敏度高、结构简单、直观、压损小、测量范围大。实验用的微型转子流量计的流量可小到0.5 L/min以下。表2-3列出了LZB型微型转子流量计的主要技术参数。

表 2-3 实验室小流量气体玻璃转子流量计参数

型号	流量/(mL/min)	最大允许工作压力/MPa	精度/%	型号	流量/(mL/min)	最大允许工作压力/MPa	精度/%
LZB-1.5	6.0～60 10～100 16～160 25～250	0.25	2.5	LZB-2.5	40～400 60～600 100～1 000 160～1 600	0.25	2.5

(1) 构造及原理　转子流量计是由一根垂直的锥形玻璃管（上宽下窄）和转子两部分构成，如图 2-3 所示。锥形玻璃管内壁要求光滑洁净，外壁标有刻度；转子有重锤形、伞形和圆盘形等，视流量大小可用金属或其他材质制成。

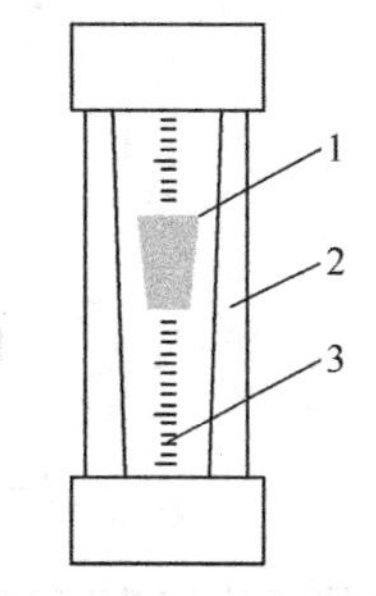

图 2-3　转子流量计
1—转子；2—锥形玻璃管；3—刻度

当被测流体以一定流速自下而上通过转子流量计时，转子受到两个力的作用：一是垂直向上的推力，它等于流体在转子的上、下端环形截面上所产生的压力差；二是垂直向下的净重力，它等于转子所受的重力减去流体对转子的浮力。当流量增大使压力差大于转子的净重力时，转子上升；当流量减小使压力差小于转子的净重力时，转子下沉；当压力差与转子的净重力相等时，转子便悬浮在一定位置上，此刻，通过最大截面处与玻璃管上的刻度，视水平切点上的读数为该流体的流量值。

(2) 使用注意事项

① 转子流量计应垂直安装，使用前应检漏。

② 转子流量计前要安装净化或干燥装置，避免油污、机械杂质进入。

③ 注意防止气量骤增而形成冲击力，致使管体破坏。

④ 必须在允许压力和流量范围内使用。

⑤ 出厂时的气体转子流量计都附有标准条件下（101.3 kPa，20 ℃，以空气为介质）的标定数据，当被测气体不为空气或非标准状态时，流量计的读数应经过校正后才为气体的实际流量。

若被测气体的密度不等于标定气体密度（空气 $\rho=1.2\ \text{kg/m}^3$），可按下式修正：

$$Q_2=Q_1\sqrt{\frac{(\rho_f-\rho_2)\rho_1}{(\rho_f-\rho_1)\rho_2}}\approx Q_1\sqrt{\frac{\rho_1}{\rho_2}}$$

式中　Q_2——校正后的实际流量，m^3/s；

Q_1——标准状态下的流量，m^3/s；

ρ_f——转子的密度，kg/m^3；

ρ_2——被测介质实际工作状态下的密度，kg/m^3；

ρ_1——标准状态下空气的密度，kg/m^3。

(3) 转子流量计的校正　校正微型转子流量计（或毛细管流量计）装置如图 2-4 所示。

用减压阀 1 把来自空气压缩机的空气或钢瓶中的其他气体压力减至所需大小（调节应缓慢），气体经截止阀 2 和节流阀 3 后分为两路：一路进入稳压容器后放空；另一路进入缓冲器 5 减小压力的波动，然后再进入被标定的转子流量计，再经三通考克 9 进入皂膜流量计 10。当转子流量计内的转子稳定停留在某一高度时，挤压皂膜流量计上的橡皮球，在流体作用下皂膜平推上移，此时按下秒表，记录皂膜移动一定体积所需时间，每点重复 2～3 次，

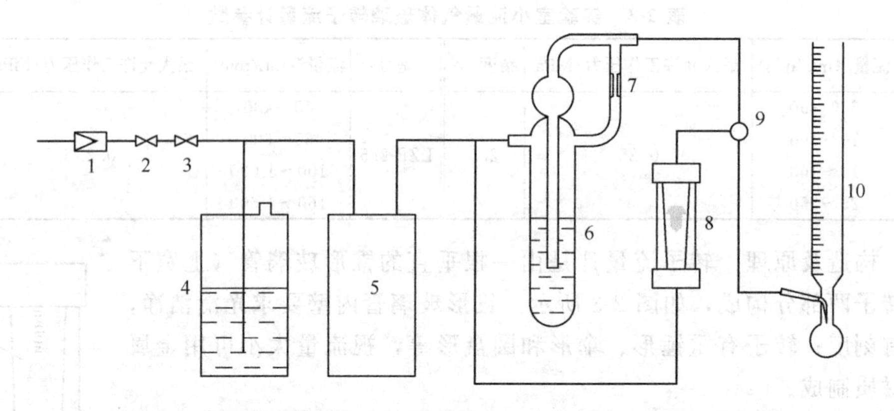

图 2-4 用皂膜流量计校正转子流量计（或毛细管流量计）装置图

1—减压阀；2—截止阀；3—节流阀；4—稳压容器；5—缓冲器；6—毛细管流量计；7—毛细管；8—转子流量计；9—三通考克；10—皂膜流量计

取其平均值为通过转子流量计的流量（毛细管流量计的校正，只需调整三通考克的导向即可按上述方法校正）。并做出转子的高度（或毛细管流量计内的液柱高度）与转子流量计的流量（或毛细管流量计的流量）的校正曲线图。

对于较大流量（大于 20L/h）的转子流量计，则可用湿式流量计来校正，只需将图 2-4 中的皂膜流量计换成已校准的湿式流量计即可，由湿式流量计的读数和转子的停留高度得流量与转子高度的校正曲线。

3. 皂膜流量计

皂膜流量计是一种结构简单、使用方便的测量气体流量的仪器，它由下部带有支管且标有刻度的玻璃管和装有肥皂水的橡皮球两部分组成。图 2-5 是常见的两种皂膜流量计。

使用时，待被测气体连续稳定地通过玻璃管后，挤压橡皮球使肥皂水溢至支管处，气体通过肥皂水鼓泡，形成一个薄膜并随气体向上平移，用秒表记录此皂膜上移一定体积所用的时间，即可测得气体流量，由于该流量与气体温度相关，故应测定气体的温度，若测定不同流速范围的气体流量，可选用有直径变化的皂膜流量计，如图 2-5（b）所示。

使用皂膜流量计应注意以下几点：

① 皂膜流量计的管体积应先用标准量具校核（方法同滴定管）；

② 皂膜流量计必须垂直放置；

③ 管内壁必须保持洁净，测量前应先用肥皂水润湿管内壁；

④ 皂膜流量计不适用于易溶于水的气体；

⑤ 测量时，管内只允许有一个皂膜通过，精确测量时应扣除饱和水蒸气体积。

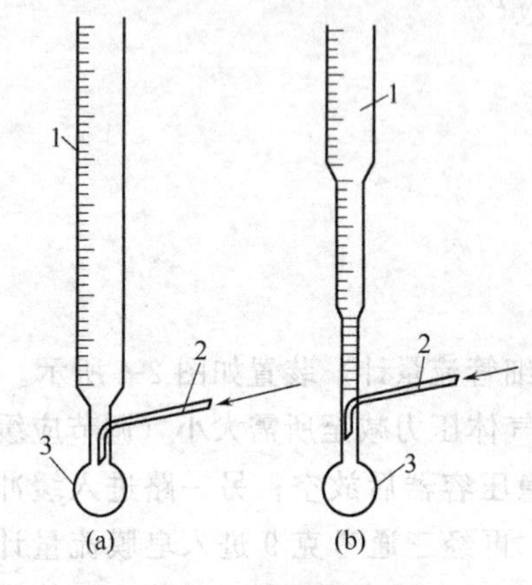

图 2-5 皂膜流量计

1—量气玻璃管；2—进气口；3—橡皮球

皂膜式流量计不能连续测量和指示气体的流量，一般用于小气量的准确计量和其他气体流量计的校核。

4. 毛细管（锐孔）流量计

在实验室毛细管流量计通常由玻璃制成，它是在流体通路中放置节流元件（毛细管或锐孔），其结构如图 2-6 所示。

当气体通过毛细管或锐孔时，由于动能与静压能之间的转换而在两个管端形成压力差。利用流量与压差之间的一定函数关系，测出单位时间内通过流量计的气体体积。

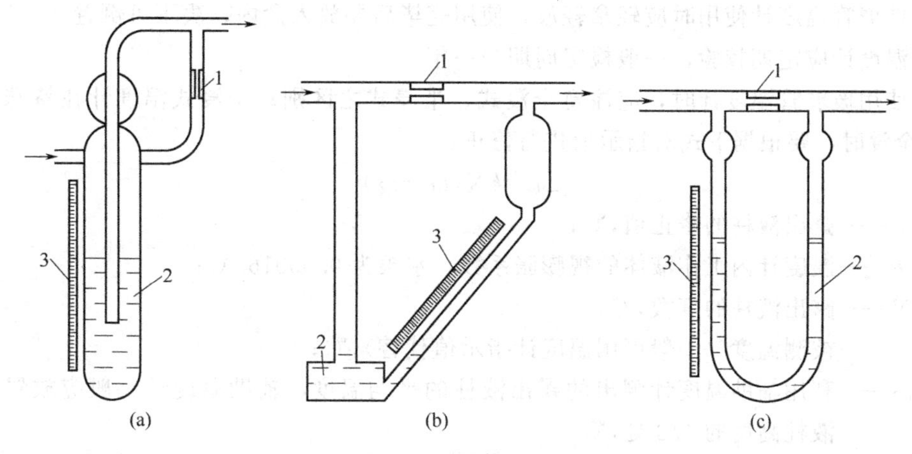

图 2-6　毛细管流量计

1—毛细管；2—指示液；3—标尺

毛细管流量计测量气体的流量范围取决于毛细管的直径和长度，而由于难以测出孔径的准确值，故很少由孔径直接计算流量。为简便起见，常采用直接校正的方法，绘制流量和压差（指示液液位差）之间的关系曲线。有了该曲线，测量流量时就可以方便地由观察到的压差查找其对应的流量。

使用毛细管流量计时应注意：

① 毛细管（或锐孔）流量计使用之前必须校正（用皂膜流量计校正见图 2-4，用湿式流量计校正，见图 3-3）。

② 对被测气体进行净化，保持毛细管孔径的清洁与干燥。

③ 开启气源时应缓慢，防止指示液冲入节流元件及管路中。若毛细管被污染，必须拆下清洗干净后，方可继续使用。

毛细管流量计适用于测定低气速，一般小于 10L/h。它结构简单，在实验室可用废弃温度计制作 U 形毛细管流量计［图 2-6（c）］，且安装方便。毛细管径大小的选用，取决于气体的流量大小。压力计指示液常用红墨水、石蜡油、汞等，应视气体的性质、溶解度、温度等具体情况而定。

二、温度测量技术

实验室常用玻璃管温度计和热电偶温度计等来测量温度。

1. 玻璃管温度计

玻璃管温度计是使用最广泛的一种测温元件，其特点是结构简单、使用方便、价格便宜，测量也较精确，但它有易碎、不能自动记录、体积较大等缺点，有些小容积的装置不便使用。

（1）测量原理　玻璃管温度计由装有工作液体的玻璃感温泡、玻璃毛细管和刻度标尺三部分组成。当温度发生变化时，工作液体会因热胀冷缩而造成体积变化，引起毛细管中液柱升高或降低，通过标尺即可读取温度数值。

根据所用工作液体不同，其测温范围也不同。通常用水银和酒精（染红色）做工作液体。水银温度计测温范围为－30～300℃，最高可达 600℃；酒精温度计常用于常温和低温测量中，测温范围为－100～75℃。

(2) 使用注意事项

① 玻璃管温度计使用时应轻拿轻放，使用完毕后要放入盒内，决不可倒置。

② 温度计应定期校验，一般检定周期为一年。

③ 使用玻璃管温度计时，应注意全浸式、半浸式之区别。全浸式温度计在特殊情况下若无法全浸时，要根据下式对指示值进行修正：

$$\Delta t = kN(t_1 - t_2)$$

式中 Δt——露出液柱的修正值，℃；

k——温度计内工作液体的视膨胀系数，水银为 0.00016/℃；

N——露出液柱的度数，℃；

t_1——被测温度（一般可用温度计指示值代替），℃；

t_2——利用辅助温度计测出的露出液柱的平均温度，辅助温度计一般应放置在露出液柱高度的 1/3 处，℃。

④ 水银温度计应按凸形弯月面的最高点读数，酒精温度计则按凹月面的最低点读数。

⑤ 用玻璃管温度计测量时，应避免骤冷骤热现象，以免增大误差。

⑥ 温度计插入恒温介质中一般要稳定 5～10min 后方可读数。

⑦ 当温度计出现液柱中断现象时，可将水银温度计的感温泡置于干冰中使水银收缩复原；对酒精温度计则采用甩动或冷却感温泡的方法修复。无论何种温度计，修复后必须重新标定。

2. 热电偶温度计

热电偶温度计具有结构简单、使用方便、测量精度高、测量范围宽、热惯性小及便于远距离测量等优点，测量范围－100～1600℃，在温度测量中占有重要地位。

(1) 测量原理　将两根不同材质的金属丝 A、B 的两端互相焊接，构成如图 2-7 所示的回路。如果两端的温度不同，分别为 t_1 和 t_0，那么，在回路中就会产生电动势。这种现象叫热电效应。这样的两种不同金属丝的组合，就构成了热电偶，温度高的一端叫热端或工作端，温度低的一端叫冷端或自由端，用来焊制热电偶的金属丝叫偶丝，焊成的偶丝叫热电极，热电极有正极和负极之分。与仪表相连时，正极应接仪表的正端，负极应接仪表的负端。

热电偶产生的电动势的大小取决于两个热电极的材质和两端温差，而与直径和长度无关。若热电偶两端温度相等，则电动势为零。温差越大，电动势也越大。如果使热电偶冷端温度维持恒定（如 0℃），则热电偶产生的电动势只与热端温度有关。这样，把仪表接入热电偶回路中（如图 2-8 所示），就可以通过仪表读出电动势的数值，利用电动势与温度的关系来确定热端的温度。

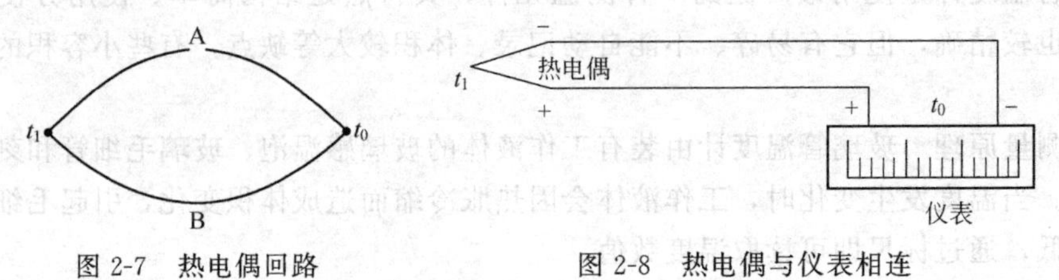

图 2-7　热电偶回路　　图 2-8　热电偶与仪表相连

(2) 常用热电偶　用各种不同材质的金属丝可制成各类热电偶，表 2-4 列出了一些金属丝的热电特性。

表 2-4 各种金属丝的热电特性

材料名称	电动势/mV	材料名称	电动势/mV	材料名称	电动势/mV
镍铬	+2.95	铂	0.00	康铜	−3.4
铁	+1.8	镍铝	−1.2	考铜	−4.0
铜	+0.76	镍	−1.94		

表 2-4 中数值是以铂作为热电偶的一极，其他材料为另一极，冷端温度为 0℃，热端温度为 100℃时的电动势。电动势为正值时的材料与铂组成热电偶时是正极；电动势为负值的材料与铂组成热电偶时是负极。表中任意两种材料组成热电偶时，电动势大的材料作正极，电动势小的材料作负极，正极和负极的电动势之差为该热电偶的电动势。

为便于热电偶与仪表配套使用，热电偶和仪表均采用统一分度，表 2-5 是国内常用的几种热电偶的统一分度表，该表给出了不同热电偶的电动势与温度的关系。

表 2-5 国内几种定型热电偶的分度表(冷端温度为 0℃)

电动势/mV \ 热电偶 分度号 \ 工作温度/℃	铂铑-铂 LB-3	镍铬-考铜 EA-2	镍铬-镍铝 EU-2	铂铑$_{30}$-铂铑$_{6}$ LL
0	0	0	0	0
100	0.643	6.95	4.10	0.034
200	1.436	14.66	8.13	0.178
300	2.315	22.90	12.21	0.431
400	3.250	31.48	16.40	0.787
500	4.220	40.15	20.65	1.242
600	5.222	49.01	24.90	1.791
700	6.256	57.74	29.13	2.429
800	7.322	66.36	33.29	3.152
900	8.421		37.33	3.955
1000	9.556		41.27	4.832
1100	10.723		45.10	5.780
1200	11.915		48.81	6.792
1300	13.116		52.37	7.858
1400	14.313			8.967
1500	15.504			10.108
1600	16.688			11.268
1700				12.431

目前实验室多使用铠装式热电偶，它用不锈钢或镍基材料作套管，氧化镁或氧化铝作绝缘材料，与热电偶丝三者结合在一起，制成坚实组合体，它具有结构紧凑、体积小（可微型化）、热惯性小、对被测温度反应快等优点，且力学性能好、耐冲击、耐振动。

（3）热电偶的冷端处理　使用热电偶测量时，应保证冷端温度为0℃，才能利用热电偶分度表由测得的电动势确定实际温度。然而在实际应用中，由于热端能量的传递及环境因素的影响，冷端温度不恒为0℃，此时，应对热电偶的冷端进行处理。

① 冷端恒温法　用冰水浴将冷端温度保持在0℃，使之恒定，这样就可以消除冷端温度的变化。该法简单可靠，当冰源不方便时，也可将冷端置于温度恒定的容器内（如30℃或40℃），此时冷端温度不是0℃，必须把仪表的机械零点调至冷端温度处进行校正。

② 补偿导线法　在测温过程中，通常热电偶的冷端靠近热源，受热源的影响而不能保持温度恒定，要消除这种影响，可采用补偿导线法。即采用一对热电特性与热电偶相同的金属丝同热电偶冷端连接起来，并将其引至另一个便于恒温的地方进行恒温处理，此时补偿导线末端的温度即为冷端温度。该法可节约贵重金属偶丝的长度。常用热电偶补偿导线见表2-6。

表 2-6　常用热电偶补偿导线

热　电　偶	补偿导线材质		100℃时电动势 /mV	20℃电阻率 /（$\Omega\cdot mm^2/m$）
	正极	负极		
铂铑-铂	铜	铜镍	0.643±0.023	≤0.0484
镍铬-镍硅（镍铝）	铜	康铜	4.10±0.15	≤0.634
镍铬-考铜	镍铬	考铜	6.95±0.3	≤1.15

③ 用冷端温度补偿器补偿　冷端温度补偿器是利用桥式电路的不平衡电压，来补偿热电偶因冷端温度变化造成电动势的变化，其补偿线路如图2-9所示，图中R_1、R_2和R_3均为锰铜丝制的电阻，其阻值受温度影响很小，R_4是铜丝制的电阻，其阻值按一定规律随温度变化而变化，R_B是串联在电源回路中的降压电阻，用来调整补偿电动势的大小。冷端温度补偿器的基准点是当$R_1=R_2=R_3=R_4$时的温度，在此温度下，C、D两端无电位差，电桥处于平衡状态。当环境温度变化时，R_4阻值随之变化，电桥发生不平衡，在C、D两端产生电位差，使之正好补偿热电偶因冷端温度变化造成的热电势的改变。不同分度号热电偶配不同型号的补偿器，并用补偿导线连接。

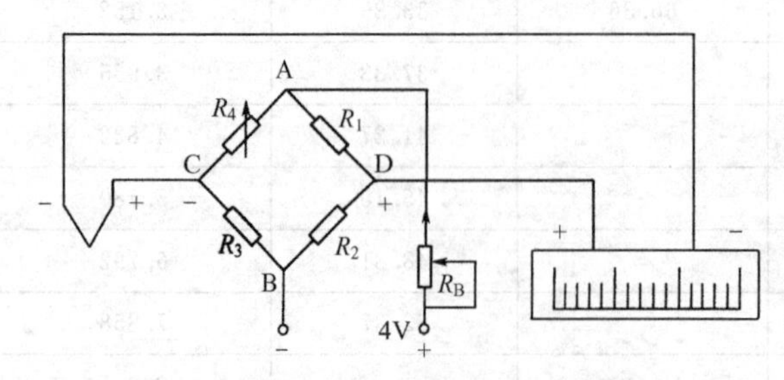

图 2-9　冷端温度补偿器线路（WBC-57）

当使用电子电位差计与热电偶配套使用时，不需用冷端补偿器，因电子电位差计中的测量桥路具有冷端补偿器的作用。

（4）热电偶的校正　新制作的热电偶或者使用一定时间后（约半年左右）的热电偶，要知其准确性如何，必须进行校正。

校正热电偶方法有纯金属定点法和比较法。

① 纯金属定点法　该法利用纯金属相变平衡点具有固定不变的温度特性，对热电偶进行分度。该法一般用于标准热电偶的分度。

② 比较法　利用高一级的标准热电偶和被校正热电偶直接比较的方法。校正时，将被校正的热电偶与高一级的标准热电偶捆扎在一起，热电偶测量端置于管式电炉的恒温区内。其校正装置见图2-10。校正步骤如下：

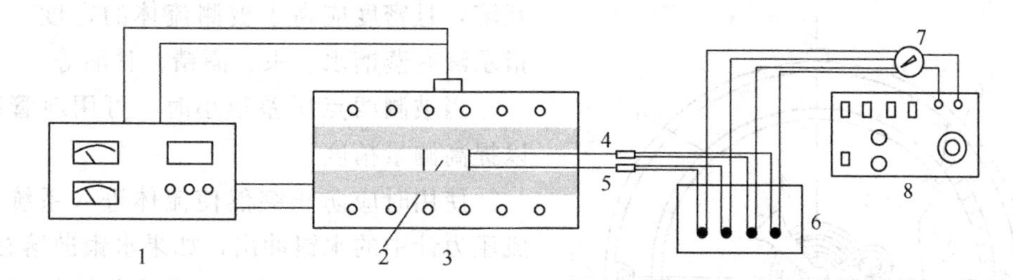

图 2-10 热电偶校正实验装置示意图

1—精密温控；2—恒温金属块；3—电阻炉；4—待校热电偶；
5—标准热电偶；6—冰水浴；7—转换开关；8—电位差计

a. 检查待校、标准热电偶接点和连线是否良好。

b. 按图接好线路，将待校、标准热电偶的工作端插入恒温金属块送入电炉恒温段。

c. 将热电偶自由端与连接导线的接点放在冰浴槽中。

d. 启用温控仪，缓慢升温至第一校正点温度并达到使其恒温后，用电位差计进行检测。按下述步骤进行巡回检测，在巡回检测时炉温要保持恒定。

标准——→待校 1——→待校 2……

标准←——待校 1←——待校 2……

e. 待升至检测的上限温度后，再依次降温，重复测取不同温度下的热电势。

f. 全部数据测完后，关闭电位差计和温控仪，让电炉自然降温。

g. 数据处理，作出被校热电偶的温度-热电势关系图。

三、压力测量技术

实验室常用于测量压力的仪器是液柱式压力计和弹簧管压力计。

1. 液柱式压力计

液柱测压是最简单的测压手段。它是在 U 形玻璃管中装有一定高度的液体，一端与系统相连，另一端通大气。被测流体的压力由液柱高度差显示。其结构如图 2-11 所示。其中最常用的是 U 形管压力计。

U 形管压力计可用来测定气体或液体的压力，但 U 形管内的指示液必须与被测流体不

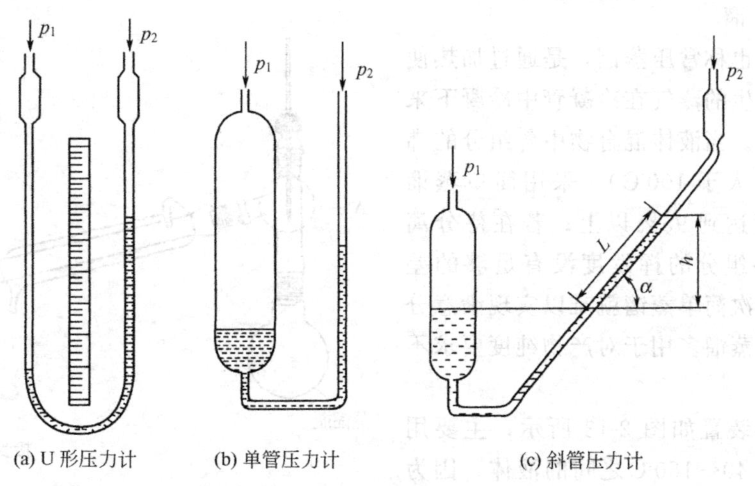

图 2-11 液柱式压力计

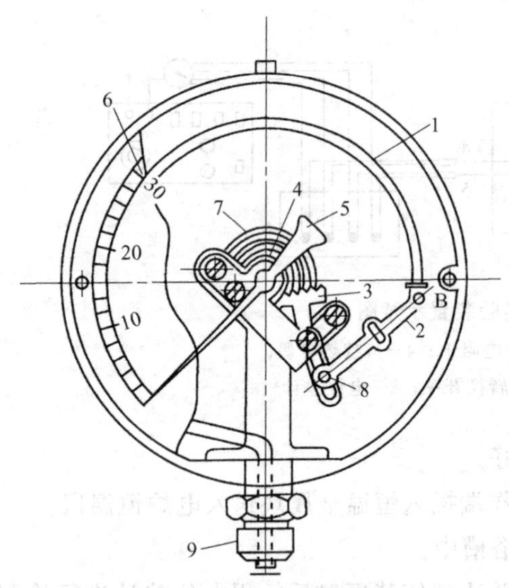

图 2-12　单圈弹簧管压力计

1—弹簧管；2—拉杆；3—扇形齿轮；4—中心齿轮；5—指针；6—面板；7—游丝；8—调整螺钉；9—接头

互溶，且密度应高于被测流体的密度。常用的指示液有蒸馏水、汞、酒精、甘油等。

当被测两点压差很小时，可用斜管压力计以提高测量精度。

使用时应防止突然使流体进入系统，而造成压力计中的水银冲出，如果水银散落在外面，应尽量回收，残留下的要用硫黄粉处理，再用水冲洗；为防止汞蒸发，可在两端汞柱上加少量水。

2. 弹簧管压力计

弹簧管压力计又称压力表，它能通过指针的转动直接指示出压力数值，实验室使用的单圈弹簧管压力计结构如图 2-12 所示。

其工作原理是：介质进入弹簧管（截面为椭圆形）的内腔中，在压力作用下，圆弧形的弹簧管向外扩伸变形，自由端产生位移，再经放大机构将位移放大，带动拉杆，使扇形齿轮转动，指针就指示相应压力。弹簧管压力计经标定后可测出准确压力数值。

压力表有普通型和精密型两类，依据被测流体介质和压力大小等情况，可在各类型号中选择合适的压力表。

第三节　分离与提纯技术

一、蒸馏与精馏

蒸馏是分离和提纯液态有机物质最常用的方法，它是利用液体混合物中各组分的挥发度差异以实现分离目的。蒸馏的方法很多，有简单蒸馏、减压蒸馏、水蒸气蒸馏、精馏（分馏）等。

1. 简单蒸馏

简单蒸馏也称常压蒸馏，是通过加热使液体沸腾，产生的蒸气在冷凝管中冷凝下来即作为馏出物。当液体混合物中各组分的沸点相差较大（大于 100℃），采用简单蒸馏可使产物纯度达到 95%以上；若在待分离的混合物中各组分的挥发度没有足够的差别，则通过一次简单蒸馏就难以实现满意分离。因此简单蒸馏多用于对产物纯度要求不太高的场合。

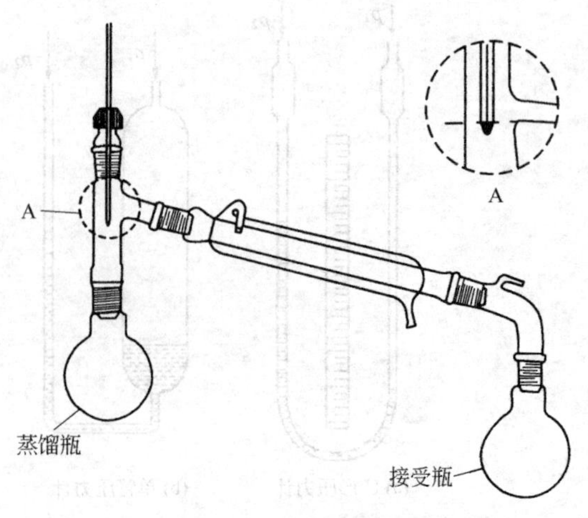

图 2-13　简单蒸馏装置

简单蒸馏装置如图 2-13 所示，主要用于处理沸点为 40～150℃之间的液体，因为很多物质在 150℃以上已显著分解，而沸点低于40℃的液体挥发度大、冷凝效果差。操作时应注意以下几点：

① 选择合适的蒸馏烧瓶，使液体体积占其容积的1/3～2/3。

② 蒸馏沸点高于130℃时用空气冷凝管，以免冷凝管骤然遇冷而破裂；沸点低于130℃时用水冷凝管。

③ 安装时要注意调整温度计的位置，使水银球的上端恰好位于蒸馏烧瓶支管的底边所在的水平线上，以保证蒸馏过程中，水银球被蒸气所包围。

④ 为防止暴沸，加热前必须加入2～3粒沸石；若忘记加沸石，必须在液体温度低于其沸腾温度时方可补加；如蒸馏中断，则在重新蒸馏之前必须再加新的沸石。

⑤ 加热之前冷凝管应先通冷却水。若忘记，应等到冷凝管冷却后再通，以防炸裂。

⑥ 控制蒸馏速度为每秒1～2滴为宜。切记：体系不能封闭，不能将液体蒸干。

2. 减压蒸馏

在系统压力低于1atm（101.325kPa）时进行的蒸馏称为减压蒸馏或真空蒸馏。对热敏性或高沸点（大于150℃）物质，在常压下蒸馏往往会发生部分或全部分解，在这种情况下，采用减压蒸馏可使其沸点大大降低。一般的高沸点有机物，当压力降至20mmHg（1mmHg＝133.3Pa）时，其沸点要比常压下的沸点低100℃以上。实际操作中，可由图2-14所示的压力-沸点直线关系图来估算某一化合物在不同压力下的沸点，并由水喷射泵（俗称水泵，压力可降至10mmHg）或旋片式真空泵（俗称油泵，压力可降至0.01～1mmHg或更低）提供减压蒸馏所需的真空度。

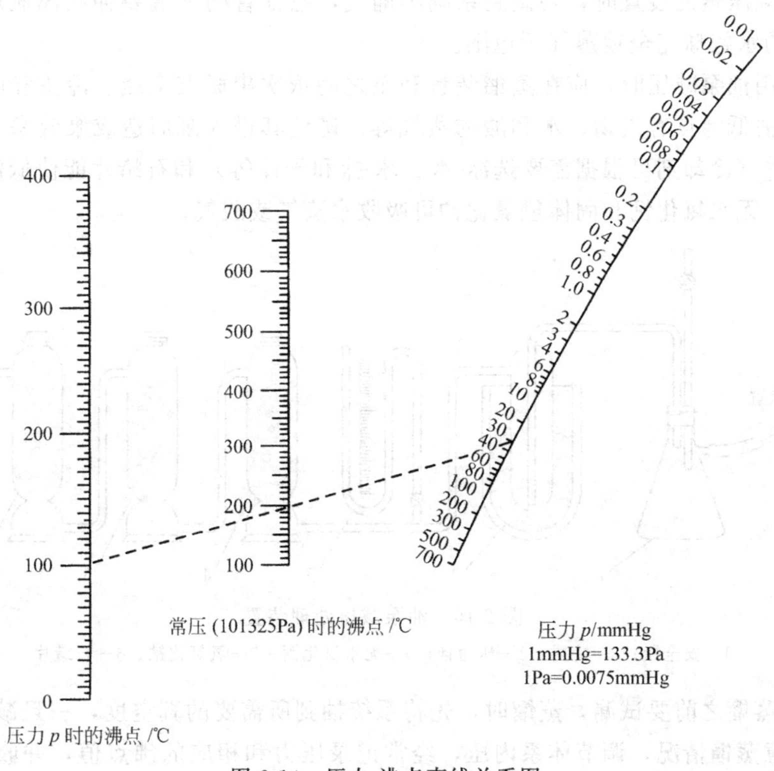

图2-14 压力-沸点直线关系图

减压蒸馏装置如图2-15所示，由蒸馏、减压、缓冲和测压四部分组成。减压蒸馏过程中，采用毛细管使沸腾平稳，并通过软胶管（内插一根细金属丝）上的螺旋夹控制进气量的大小。若空气的存在影响产品质量，可从毛细管向体系内通入氮气或二氧化碳等惰性气体。

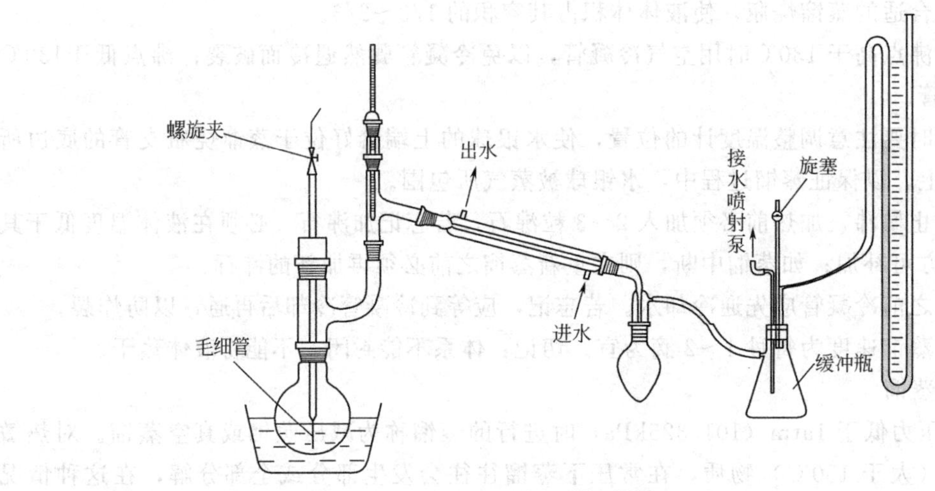

图 2-15　减压蒸馏装置

操作时应注意以下几点：

① 在减压蒸馏系统中，应选用耐压的玻璃仪器，切忌使用薄壁的甚至有裂纹的玻璃仪器，尤其不要用平底瓶（如锥形瓶），以防引起内向爆炸而造成危险。

② 选择适当大小的蒸馏烧瓶，使待馏液体占其容量的$^1/_3$～$^1/_2$。

③ 安装减压蒸馏装置时，要做到系统不漏气，毛细管的下端要伸到离瓶底约 1～2mm 处，温度计的水银球完全被蒸气所包围。

④ 若使用油泵减压时，应在蒸馏装置和泵之间依次串联安全瓶、冷阱和吸收系统（图 2-16），以除去低沸点有机物、水和酸的蒸气等，避免其进入泵而造成泵效率下降和泵的腐蚀。其中冷阱（冷却剂可根据需要选冰-水、冰-盐和干冰等）和石蜡片能使低沸点有机物冷凝或被吸收，无水氯化钙和固体氢氧化钠可吸收水蒸气或酸气。

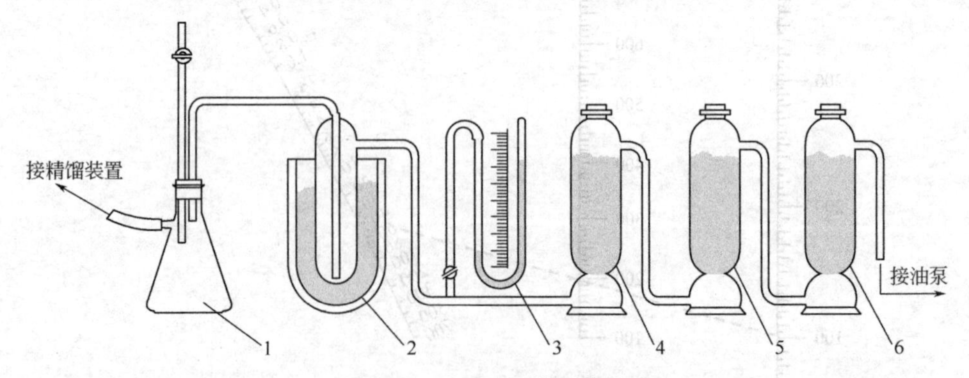

图 2-16　油泵减压处理装置

1—安全瓶；2—冷阱；3—压力计；4—无水氯化钙；5—氢氧化钠；6—石蜡片

⑤ 减压蒸馏之前要试漏，蒸馏时，先将系统抽到所需要的真空度，一旦减压蒸馏开始，就应密切注意蒸馏情况，调节体系内压，经常记录压力和相应的沸点值，并收集相应馏分；若蒸馏过程中毛细管阻塞或折断，应立即更换，但应在撤热和解除真空下进行。

⑥ 蒸馏完毕后，先停止加热，撤去热浴，将毛细管上部的螺旋夹完全旋开（以免瓶中残留物吸入毛细管中），后慢慢地打开二通旋塞，小心地让空气进入系统，使系统内压与外

界压力相等，再关闭真空泵。

3. 水蒸气蒸馏

水蒸气蒸馏是将水蒸气通入不溶或难溶于水但有一定挥发度的有机物质（近100℃时其蒸气压至少为10mmHg）中，使有机物质在低于100℃的温度下随水蒸气一起蒸出，是分离与水不相混溶的挥发性有机物的常用方法。

根据分配定律，当水与不互溶的有机物质i共热时，该混合物的总压 p 等于各组分的饱和蒸气压之和，即：

$$p = p^0_{H_2O} + p^0_i$$

式中，$p^0_{H_2O}$ 和 p^0_i 分别为水和有机物在相应温度下的饱和蒸气压。当 p 等于大气压力时，液体就沸腾，因此，该混合物的沸点比任一纯组分的沸点低，即采用水蒸气蒸馏在100℃以下就可使有机物蒸馏出来。

水蒸气蒸馏特别适用于除去混合物中的树脂状物或不挥发性杂质，以及从含有较多固体的产物液中脱除被吸附的溶剂，由于其蒸馏温度较低，也可用于热敏性物质的提纯。

水蒸气蒸馏装置如图2-17所示，由水蒸气发生器和蒸馏装置两部分组成。水蒸气发生器有金属桶式和圆底烧瓶两种。水蒸气发生器和蒸馏装置之间的连接采用气液分离器或T形管（三通管），以便放出冷凝水。对于少量物质的水蒸气蒸馏，可省去水蒸气发生器，直接加热水和有机物的混合液，使有机物与水一同蒸出即可。

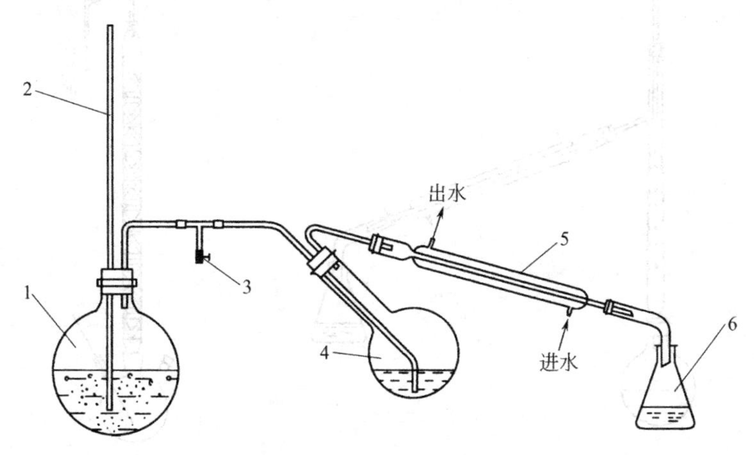

图2-17　水蒸气蒸馏装置

1—水蒸气发生器；2—安全管；3—螺旋夹；4—蒸馏烧瓶；5—冷凝管；6—接受器

操作中应注意以下几点。

① 水蒸气发生器上必须装有安全管，以防系统压力过大。若蒸馏时安全管内液位迅速上升，说明系统内堵塞，应立即中断蒸馏（先打开螺旋夹，后停止加热），排除故障后继续蒸馏；盛水量通常为其容量的1/2，最多不超过2/3；水蒸气发生器使用之前，应投放几粒沸石，以使水蒸气平稳生成。

② 裸露在外的蒸汽管应尽量短，以保证水蒸气有足够的温度。

③ 为使水蒸气不至于在烧瓶内过多地冷凝，通水蒸气之前可预热待馏液。蒸馏过程中通常也可用小火加热待馏液，使蒸馏烧瓶内的液体量不超过烧瓶容量的1/3。

④ 待馏出液不再含有油珠而澄清时，可停止蒸馏。此时应先打开螺旋夹，再关闭热源，以防烧瓶中残液被倒吸。

⑤ 如果随水蒸气一同蒸出的有机物熔点较高，应注意调节冷却水流量，以防该有机物在冷凝器内析出结晶。

4. 精馏

精馏是使液体混合物达到较完善分离的一种蒸馏操作，它的分离作用是根据溶液中各组分的挥发度差异，在精馏塔（或分馏柱）中，采用液体多次部分汽化、蒸气多次部分冷凝的汽液相间传质，使沿塔向上易挥发组分的浓度逐渐增大，难挥发组分浓度逐渐减小，结果在塔顶富集轻组分，塔底富集重组分，从而实现分离。适用于分离和提纯沸点相差较小（低于80℃）的液体混合物。

（1）精馏装置　实验室所用精馏装置通常由玻璃或不锈钢制成，由蒸馏烧瓶（塔釜或蒸发器）、精馏柱（分馏柱）、塔头和接受器四部分组成，其中最主要的部分是精馏柱和塔头，它们决定塔的效率。图 2-18 给出了两种精馏装置。图（a）装置结构简单、操作方便，但分离效率低，通常约相当于两次普通蒸馏的效率；图（b）装置结构较复杂，分离效率高，可用于模拟生产现场操作、制备高纯物质及为化工开发与设计提供分离方案等。

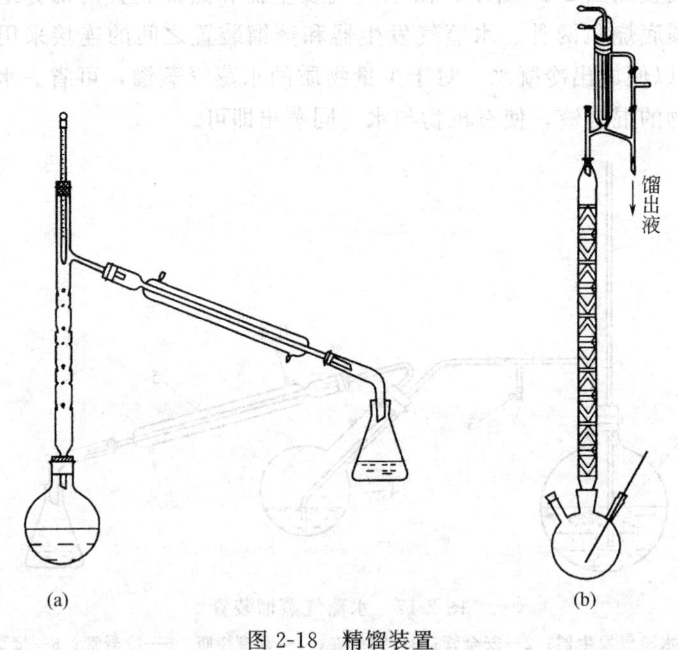

图 2-18　精馏装置

① 精馏柱　精馏柱是实现汽液相传质传热的场所，它的选择取决于分离的难易、待馏物的数量以及蒸馏的压力范围。当精馏少量较易分离的液体时，可采用图 2-18（a）装置。若分离沸点相近的液体混合物，可采用图 2-18（b）装置，即在精馏柱内装填各种填料以增加汽液两相接触面积，常用的填料有玻璃珠、玻璃毛、瓷环等。一般实验室精馏柱直径为25～45mm，根据待馏物的量选择适宜大小的精馏柱。

② 塔头　塔头是位于精馏塔顶部，包括冷凝器、回流分配器、温度计接口等部件的一种装置，作液体产物馏出和收集、塔顶回流的调节和测量等用。根据回流状态可区分为部分冷凝和全凝型两类。部分冷凝型塔头如图 2-19 所示，汽相在冷凝器内产生部分冷凝使液体流回塔内，而剩余未凝气体则从溶液中分离出去。

全凝型塔头见图 2-20。实验室常用的多为带有回流比控制的塔头，这种装置能按所要求的回流量进行控制操作，其形式有电磁摆针式、电磁漏斗式、电磁活塞式等，其中结构最简单的是电磁摆针式（见图3-5）。它操作可靠、稳定，在国内实验室内使用较多，其操作原理是调节电磁通断时间的比例而控制出料及回流的比例。电磁摆针以玻璃棒内封入铁针制成，被冷凝液体通过电磁摆针向下滴落。电磁铁通电时，吸引摆针偏向一侧，液体就会落入出料收集器内；断电时电磁摆针复位，液体滴入塔内。电磁漏斗式的回流比控制原理与电磁摆针式相似，此类装置回流与出料是间断轮番进行的，对塔的稳定操作有一定影响，选择适当的时间比可减少不良影响。

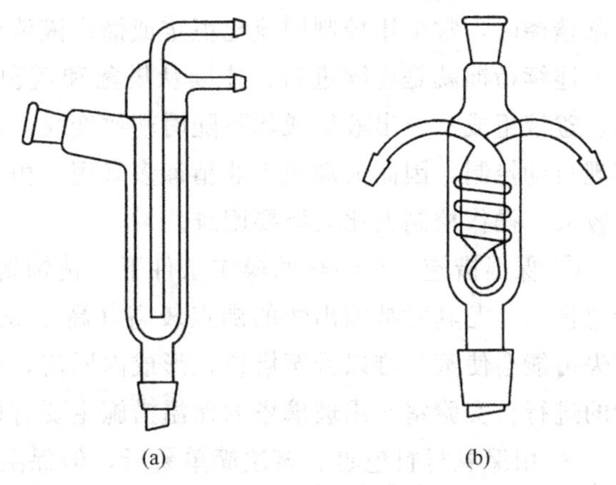
图 2-19 部分冷凝型塔头

（a）直形回流冷凝器；（b）蛇形回流冷凝器

封闭式塔头和电磁漏斗塔头，在上升蒸气管部位的结构较长，适用于大通量的塔采用；而对于小通量的小塔，因蒸气量少，宜采用活塞式塔头或电磁活塞式塔头。

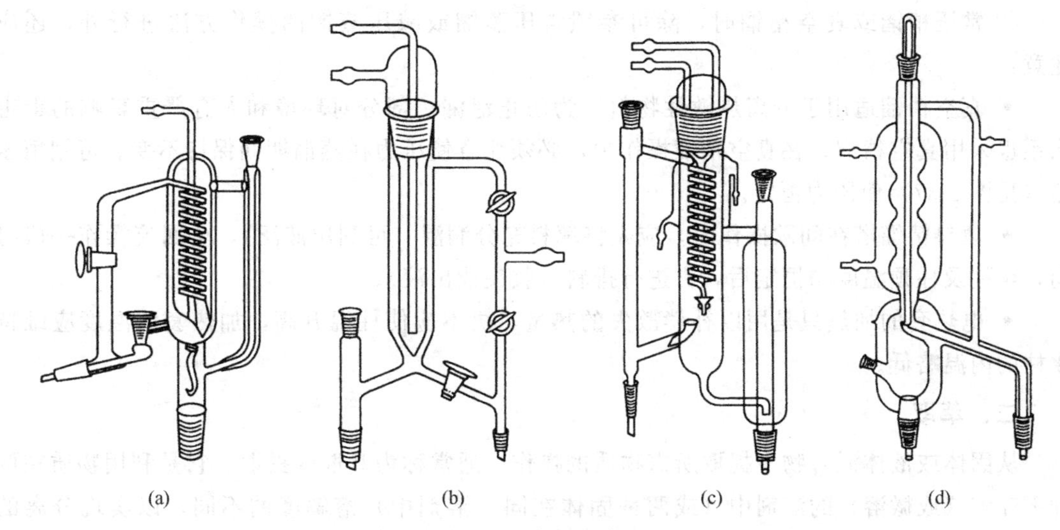
图 2-20 全凝型塔头

（a）封闭式塔头；（b）活塞式塔头；（c）电磁漏斗式塔头；（d）电磁活塞式塔头

选择塔头时应满足下述要求：a. 回流比便于控制和调节；b. 塔头内滞留液体量应尽量少；c. 结构简单紧凑、便于拆装；d. 能准确测出塔顶温度；e. 能用于常压和减压操作。

③ 塔釜　塔釜内应有一定的传热面积，以保证加热时提供合适的上升蒸气量。实验室多用球形的多口烧瓶作塔釜。加料时常放入一些陶瓷碎片以防止暴沸，而真空精馏时，应采用釜内插入毛细管引入小气泡的方法，避免暴沸的产生。

（2）精馏塔的操作与控制

① 操作方式　精馏操作方式有间歇精馏与连续精馏两种。

间歇精馏就是将原料一次加入塔釜，轻组分逐渐从塔顶馏出，直至轻组分馏尽或塔釜残液满足分离要求，停止加热，排放残液，完成一次操作。操作过程中，釜液和馏出液组成随时间而变化。间歇精馏生产能力小，但操作简单、不需精密和昂贵的控制仪表，实验室进行间歇精馏时，常采用控制回流比恒定或馏出液流量恒定的方法收集所需馏分。

连续精馏就是连续进料、连续从塔釜和塔顶排料的精馏过程，装置内各点的温度和压力、釜液组成、馏出液组成均不随时间而变化。连续精馏生产能力大、产品质量稳定，便于实现自动控制，因而大规模工业精馏多采用。由于实验用精馏塔处理料液能力小，热损失相对较大，操作控制上比大塔要困难。

② 保温措施　在绝热的操作条件下，精馏塔的分离效率最佳，因此对塔身的保温是不能忽视的，尤其对被馏出物的沸点较高（高于 80℃）的物系及小塔的操作。因为过多的热损失可能会使蒸气难以升至塔顶，形成内回流，严重的内回流易在塔下部形成液泛而影响实验的进行。实验室所用玻璃塔的保温措施主要有以下几种。

• 用保温材料包裹。该法简单易行，但保温效果一般，不能观察塔内汽液接触情况。

• 在塔身（或玻璃夹套）外缠绕电阻丝。该法保温效果良好，但调节（电压）不当会出现过冷或过热。塔外采用玻璃夹套可方便地观察塔内汽液接触情况，较好的方法是在塔外的玻璃夹套上加热，空气层保温，而使塔处于类似“绝热状态”。

• 采用作成真空夹套的塔身，表面镀银。该法使用方便，保温效果好，但不能观察塔内汽液接触情况。

③ 常压精馏或真空精馏时，除可参照常压蒸馏或减压蒸馏的操作方法进行外，还应注意：

• 真空精馏适用于分离热敏性物料。为防止泄漏，部分对环境和人有严重影响的毒害物系也采用真空精馏。在真空精馏操作中，必须注意使压力在蒸馏期间保持不变。可用恒压器（见图 2-37）使压力恒定。

• 填料精馏塔在间歇操作时，应先将填料充分润湿（可利用液泛），全回流操作一段时间，至柱及柱顶温度均恒定后，再进行排料（收集馏出液）。

• 电热套的加热只是用以补偿散失的热量，决不应使柱温升高，加热套的温度应维持比柱的内温略低。

二、萃取

从固体或液体混合物中提取所需物质的操作，通常称为萃取或提取。它是利用物质在两种不互溶（或微溶）的溶剂中（或两种固体在同一溶剂中）溶解度的不同，以实现分离的方法。

1. 萃取原理

在萃取过程中，溶质在两种互不相溶的溶剂间的分配，符合能斯特分配定律：

$$\frac{c_A}{c_B}=K$$

式中，c_A 和 c_B 分别为溶质在两相中的物质的量浓度；K 为分配系数。该式说明，在一定温度下，被萃取组分在两溶剂中的浓度之比为常数。一般 K 值近似等于溶质单独在两相中的溶解度之比。它仅与温度、溶剂和被萃取物的性质有关。

由上式可知，只有溶质在两种溶剂中的溶解度相差很大时萃取才有效。当 $K\geqslant 100$，所用萃取剂的体积与原溶液体积大致相等时，一次简单萃取可将 99%以上的该溶质萃取至萃取剂中；而当 K 较小时，必须进行多次萃取或采用液相色谱等方法才能达到分离要求。

多次萃取时，由能斯特方程可推导出：

$$W_n = W_0\left(\frac{KV}{KV+S}\right)^n$$

式中，W_n 为第 n 次萃取后原溶液中所剩被萃取物的质量；W_0 为被萃取物总质量；V 为原溶液的体积；S 为每次萃取时加入萃取剂的体积；n 为萃取次数，通常根据 K 值大小取3～5次为宜。由公式可知，每次用部分溶剂萃取多次总比用全量溶剂作一次萃取的效果要好，尤其是在分配系数较小时效果更好。

在萃取操作中，物质的交换只发生在两相的界面上，因此为加快分配平衡的建立，必须尽可能地增大两相之间的界面。为此应振荡液体，或通过垂熔玻板使之分布均匀；固体则必须在萃取之前研碎，但在很多情况下，特别是涉及固相时，分配平衡总不能完全建立。

2. 萃取剂的选择

作为萃取剂应满足以下要求：

① 与原溶剂不互溶或微溶；

② 被萃取物质在萃取剂中溶解度要大，而其他物质在萃取剂中的溶解度要小；

③ 最好与原溶液密度相差较大且沸点适宜；

④ 性质稳定且毒性较小。

常用的萃取剂，比水轻的有：石油醚，乙醚（沸点低、高度易燃、有形成爆炸性过氧化物的倾向），苯（易燃）；比水重的有：二氯甲烷（沸点 41℃），氯仿及四氯化碳（不可燃）等。一般而言，对难溶于水的物质首选石油醚；对较易溶于水的选用乙醚或苯；对很易溶于水的则用乙酸乙酯；对于胺类，选氯仿最合适。

3. 萃取操作

实验室中的萃取操作常在分液漏斗中进行。使用前，先检查分液漏斗是否漏液，并把旋塞芯涂上薄薄一层润滑脂。将待萃取的溶液倒入分液漏斗中，加入萃取剂（液体总体积不超过其容量的 2/3），塞紧塞子。右手握住漏斗颈，食指压住旋塞；左手食指末节顶住玻塞，拇指压紧。将漏斗由内向外或由外向内旋转振摇 3～5 次（或将漏斗反复倒转进行缓和振荡），然后缓缓开启旋塞放气（见图 2-21）。反复振荡放气后静置分层（系统应与大气相通），待界面清晰时，下层液体由旋塞放出，上层液体则从顶部口中倾出。应小心辨认水层和有机层，为防止失误，上、下两层液体都应保留至实验完毕。

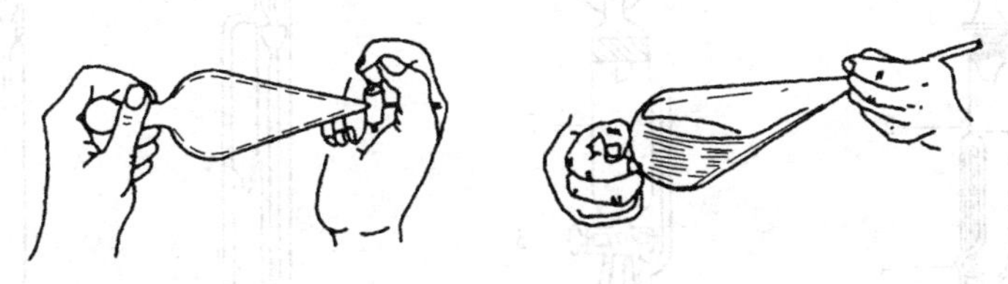

图 2-21　萃取操作

操作中还需注意以下几点：

① 若对两相的组成有疑问，可从任一相中取出一滴，加入少量的水中，即可辨别哪一相是水层；

② 若溶质在水中溶解度较大，为提高有机溶剂的提取效率，可预先加入电解质（硫酸铵或食盐），使水相饱和；

③ 若萃取操作中出现乳状液，可加入少量消沫剂或戊醇，也可用食盐饱和水相，或将整个溶液过滤一遍，而较长时间的放置是最可靠的方法；

④ 当采用碱金属的碳酸盐进行洗涤时，生成的二氧化碳能在分液漏斗中形成很大的压力，故必须谨慎地多次排气；

⑤ 如果选用的萃取剂易燃，操作时应将附近的明火全部熄灭，若萃取剂为易生成过氧化物的化合物（用淀粉-碘化钾试纸检验），如醚类，且萃取后为进一步纯化需蒸出该溶剂，则在使用前应检查溶剂中是否含有过氧化物，若有，应除去后方可使用；

⑥ 若两相密度相差较小导致难以分层，可在有机层中加入乙醚（使有机层密度减小），或在水层中加入氯化钠、硫酸铵和氯化钙等无机盐（使水层密度增大），以促使分层；

⑦ 为确保提取完全，可从最后一次提取液中取出少许，经干燥剂干燥后，再在表面皿上使溶剂蒸发，检查是否有残留物。对于有色物质，提取液无色即证明提取已完全。

4. 其他萃取方法简介

（1）从固体混合物中萃取物质　根据固体混合物中各组分在某一溶剂中的溶解度的不同，可利用萃取方法使组分分离。实验室中常采用索氏提取器，如图 2-22（a）所示。萃取前可将滤纸做成与提取筒大小相适应的套袋，然后把研细的固体混合物装入纸袋内，放入提取筒中。烧瓶内加入溶剂和 1～2 粒沸石，加热至沸腾，溶剂的蒸气从烧瓶升至冷凝管中，冷凝后回流到固体混合物里进行提取，当提取筒内液面超过虹吸管上端后，提取液自动流入烧瓶中。回流数小时，至大部分可溶解物质被提取出来。该装置所用溶剂密度必须低于被提取物的密度，否则难以正常工作。

梯氏提取器可实现固体提取操作的连续进行，如图 2-22（b）所示，它使从冷凝管中凝结下来的溶剂连续渗透固体混合物，得到的提取液经旋塞连续地流入烧瓶。提取完毕后，关闭旋塞，通过侧管蒸出过量溶剂。

（2）连续液-液萃取　利用图 2-23 所示的渗滤器，只需少量的萃取剂即可对液体进行连续萃取。在渗滤器中，溶剂被连续蒸发、冷凝后经过一个多孔的分布器以细流分布状态穿过被提取的溶液，然后经溢流管回到烧瓶中。利用该方法，甚至分配系数 $K<1.5$ 的物质也能进行有效提取。

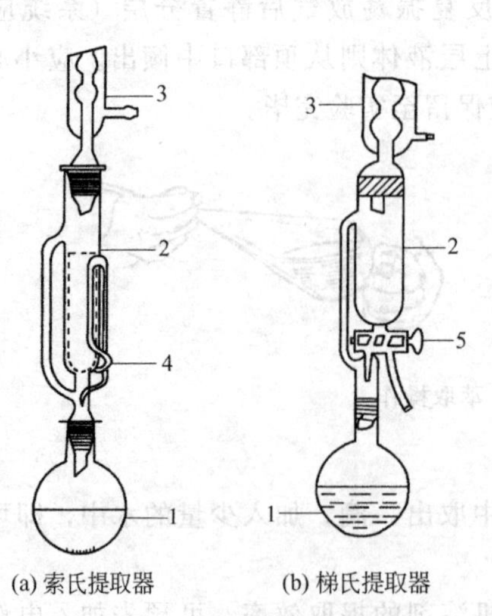

(a) 索氏提取器　(b) 梯氏提取器

图 2-22　固体的提取装置

1—烧瓶；2—提取筒；3—冷凝器；4—虹吸管；5—旋塞

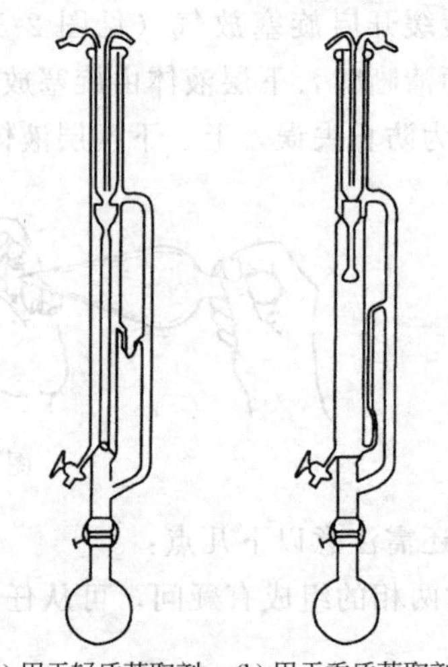

(a) 用于轻质萃取剂　(b) 用于重质萃取剂

图 2-23　连续液-液萃取装置（渗滤器）

需要注意的是，由于液体受热会膨胀，故使用轻质萃取剂（萃取剂密度低于萃取液密度）时，不能把被提取的液体充注至溢流管口处，以防流入蒸馏烧瓶；当使用重质萃取剂时，在加入被提取液之前应先加入少量萃取剂，否则，少量未被萃取的液体会被压入烧瓶。

三、结晶与重结晶

结晶是固体物质以晶体状态从溶液中析出的过程，虽然溶液中含有各种杂质，但是结晶出来的产品都是比较纯净的，因此结晶多用于产物的初步分离，而重结晶多用于固体物质的提纯。

1. 结晶

(1) 结晶的方法　溶质从溶液中结晶出来要经历两个步骤：首先是要产生称为晶核的微观晶体，作为结晶核心；其次是晶核长大成为宏观的晶粒（即晶体生长）。这都需要溶液具有一定的过饱和度。因此要实现结晶，就要使溶液先成为过饱和溶液，然后破坏其过饱和状态，使晶体析出。生产及实验中可采用以下四种结晶方法。

① 冷却的方法　即降低温度使溶液达到过饱和而析出晶体。该法适用于溶解度随温度降低而显著减小的物质，如硝酸钾、硫酸镁等。

② 去除部分溶剂的方法　即蒸发部分溶剂使溶液浓缩达到过饱和状态而结晶。该法适用于溶解度随温度变化不大的物质，如氯化钠、碳酸钾等。

③ 化学反应沉淀结晶法　通过调节溶液的 pH 值或向溶液中加入反应剂而获得结晶。该法多用于抗生素的提纯分离，如在四环素的酸性溶液中加氨水调至 pH4.6～4.8，使其接近等电点时，四环素游离碱就结晶析出。

④ 加入第二种溶剂的方法　在溶液中加入与原溶剂互溶的第二种溶剂，使溶质的溶解度降低，形成过饱和溶液而沉淀结晶。如利用卡那霉素易溶于水而难溶于乙醇的性质，在卡那霉素脱色液中加入 95%乙醇至微浑，加晶种并保温即可得到卡那霉素的粗晶体。

(2) 结晶条件的控制　在结晶操作中，一般希望得到颗粒较大且粒度均匀的晶体，因为这样的晶体便于过滤与洗涤，且产品的收率与纯度也较高。晶体颗粒的大小取决于晶核形成速率与晶体生长速率的相对快慢。若晶核形成速率大大超过晶体生长速率，则得到细小的晶体；反之，若晶体生长速率超过晶核形成速率，则得到粗大而均匀的晶体。影响晶体大小的主要因素有溶液的过饱和度、温度、搅拌速率等。

① 过饱和度　溶液过饱和度的增加使成核速率高于晶体生长速率，得到的晶体较细小；溶液过饱和度小，有利于形成颗粒较大的晶体。

② 温度　快速冷却溶液时，可得到较高的过饱和度，有利于晶核的形成，因而得到的晶体较细小，且易形成针状结晶；反之，缓慢地冷却易得到较粗大的晶体。

③ 搅拌速率　搅拌能促进扩散，加快晶体生长，但搅拌速率过快也能加速成核速率，因此搅拌速率应适中，以利于得到较大颗粒晶体，同时搅拌还能防止晶体聚集、结团、形成晶簇现象的产生。

④ 晶种　在溶液中加入晶种（作为晶核）能诱导结晶，而且还能控制晶体的形状、大小和均匀度。

因此，要获得颗粒较大且粒度均匀的晶体，在沉淀结晶时，溶液的过饱和度要小，冷却速度要缓慢，溶液静置或缓慢搅拌，对于在过冷液中还难以结晶的或希望提高结晶速率、控制晶形和粒度的场合可加入晶种。

2. 重结晶

重结晶是精制固体产品的常用方法。根据固体化合物在热溶剂中比在冷溶剂中更易溶解，而杂质在低温下溶解度仍较大，从而实现化合物与杂质分离的目的。重结晶的关键是选择合适的溶剂。其操作过程一般是将粗品与适当的溶剂配成热溶液，趁热过滤除去不溶性物质和有色杂质（可加活性炭煮沸脱色），再冷却析出晶体、过滤并干燥。重结晶的缺点是导致部分原料损失。

(1) 溶剂的选择　重结晶成败的关键是选择合适的溶剂，而合适的溶剂应符合下列条件：

① 不与被提纯物质发生化学反应；

② 被提纯物质在冷溶剂中应微溶，在加热时应大量溶解；

③ 杂质在冷溶剂中溶解度应大，以便存留在母液中，或在热溶剂中杂质溶解度极小，可通过过滤除去；

④ 沸点较低（一般在 50～85℃范围），容易与晶体分离；

⑤ 来源丰富，价格低廉，毒性小。

现将常用的溶剂沸点列入表 2-7 中。

表 2-7　常用溶剂的沸点

溶　剂	沸点/℃	溶　剂	沸点/℃	溶　剂	沸点/℃
水	100	乙酸乙酯	77	氯仿	61.2
甲醇	64.7	冰醋酸	118	四氯化碳	76.8
乙醇	78.3	二硫化碳	46.5	苯	80.1
乙醚	34.6	丙酮	56		

实际应用中可借助资料、手册了解待提纯物在溶剂中的溶解情况，再通过实验进行选择。通常取少量待提纯样品，试验其在不同溶剂中的溶解度，如果在加热或沸腾后全溶，冷却后大部分析出，则该溶剂合适；若单一溶剂不能满足重结晶要求，则可选用混合溶剂。常用的混合溶剂有乙醇-水、乙醚-甲醇、醋酸-水、丙酮-水、苯-乙酸乙酯等。实验时先将样品溶于易溶溶剂中，趁热滴入另一溶剂，直至刚出现混浊，加热或滴入少许易溶溶剂使溶液澄清后，冷却，观察其结晶情况，记录实验中两种溶剂的用量比。

(2) 重结晶操作及注意事项

① 制备热溶液　先在烧瓶中加入待提纯物和少量溶剂，搅拌下加热至沸，在缓缓沸腾下逐渐加入溶剂，至固体恰好全部溶解，除沸点高于 85℃的溶剂外，一般均在水浴上加热。若用水做溶剂，可在烧瓶或锥形瓶中进行重结晶；若使用有机溶剂，为防止溶剂挥发或发生事故，须在圆底烧瓶或锥形瓶上安装回流装置（见图 2-24）。一般应使溶剂过量 10%～25%，以免热过滤时因温度降低和溶剂挥发而使结晶过早析出。如待提纯物因含杂质而带颜色，可在粗品溶解后加入适量（粗品总重的 1%～2%）的活性炭进行脱色（加入活性炭后搅拌沸腾 5～10min 以后，即可过滤）。

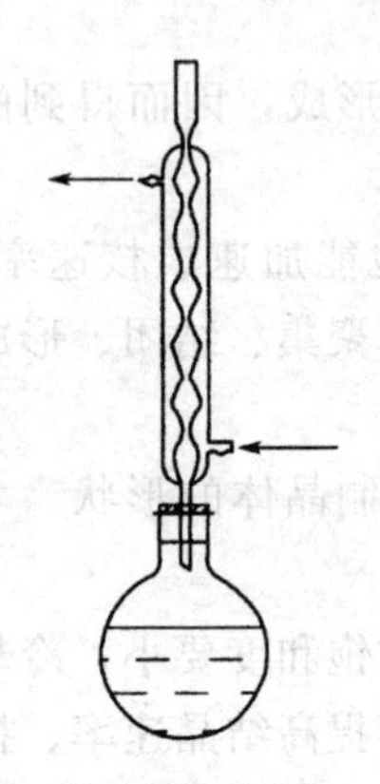

图 2-24　回流装置

注意：不要把不溶性杂质误认为固体未溶完而加入过多溶剂；从冷凝管上端补加溶剂时，须移开火源，若溶液被冷至沸点以下，防暴沸石不再有效；脱色时，必须在溶液沸点以下加活性炭，以防暴沸。

② 热过滤　热过滤的目的是除去不溶性杂质。样品溶解后澄清透明，确无不溶性杂质，此步可省去。为防止待提纯物的热溶液遇冷析出

晶体，过滤操作中必须注意过滤器的预热和溶液的保温，并尽可能快速过滤。图 2-25（a）、（b）适合少量溶液的热过滤，大量溶液可采用减压过滤，见图 2-25（c），减压过滤的速度较快，但压力不能过低以免溶剂蒸发、溶液浓缩而使晶体过早析出。若有晶体析出，可将滤液重新加热至完全澄清后缓慢冷却，必要时可补加少量溶剂。

注意：用折叠滤纸过滤，习惯上不需要用重结晶溶剂先润湿滤纸；减压抽滤含活性炭的热溶液时，可使用双层滤纸或用硅藻土等助滤剂，以防脱色炭穿滤。

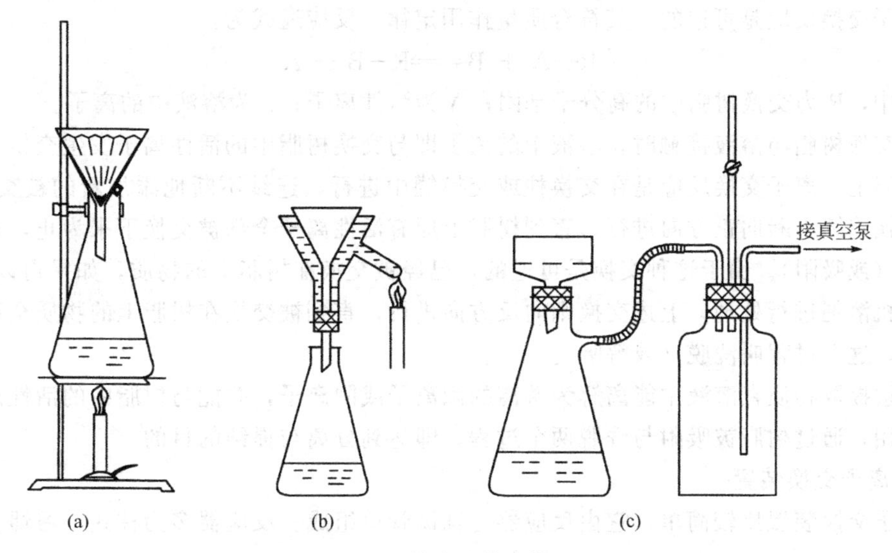

图 2-25　热滤及抽滤装置

③ 冷却结晶　热过滤后将澄清的滤液静置结晶，不宜骤冷、搅拌或振动，以免晶体过细而吸附杂质。也不宜使晶粒过大，导致晶体中包留杂质。若晶体很难析出，可采用用玻璃棒摩擦液面下的器壁、低温冷却（一旦有晶体出现后，即移出冷浴）、加入几粒晶种（该样品的结晶）等方法使晶体析出。

注意：结晶的速率往往很慢，冷溶液的结晶常需数小时才能完全，个别的要经几周甚至更长时间才会结晶，因此，不要轻易地将没有晶体形成的母液过早地弃去。

④ 过滤和干燥　结晶完全后，用减压过滤法收集晶体，并用少量新鲜溶剂洗涤 1～2 次，以除去晶体表面的母液和杂质。选用合适的方法干燥晶体，并进行纯度分析。

常用的干燥方法如下。

a. 空气中晾干　将晶体平铺在表面皿上长时间放置而干燥。适用于含低沸点溶剂的非吸湿性晶体。

b. 滤纸吸干　将晶体夹在几层滤纸间挤压以吸出溶剂。适用于过滤后仍富含溶剂的晶体的初步干燥。

c. 蒸汽浴烘干　将晶体铺在表面皿上，利用蒸汽浴的热量使溶剂挥发。适用于熔点高于 120℃的非吸湿性晶体的干燥。

d. 红外灯干燥　红外灯和变压器联用，可在很宽的温度范围内使用，烘干温度一般控制在低于固体熔点 20～50℃以下，是固体干燥的常用方法。

四、离子交换技术

离子交换法是利用某些物质能离解为阳离子或阴离子的特性，使其与离子交换树脂进行交换作用，被提取物暂时吸附在树脂上，然后再以适当的条件将该物质从树脂上洗脱下来，以达到分离提纯产品的目的。随着精细化工技术与生物化工技术的不断发展，离子交换技术得到越来越广泛的应用。

离子交换法的优点是设备简单、操作方便、成本低、产品质量好，离子交换树脂可以反复再生利用等。缺点是生产周期长，酸、碱用量大，设备要求耐腐蚀。

1. 离子交换法的基本原理

离子交换反应是可逆的，其符合质量作用定律。反应通式为：

$$R—A + B \rightleftharpoons R—B + A$$

式中，R 为交换树脂中的高分子基团；A 为活性离子；B 为溶液中的离子。

当交换树脂与溶液接触时，溶液中的离子即与交换树脂中的活性离子发生交换而暂时停留在树脂上。离子交换反应是在交换柱或交换罐中进行，连续不断地添加新的被交换溶液，上述交换连续不断向正方向进行，直到树脂上原有活性离子全部被交换下来为止，这个过程叫交换（或吸附）。由于这种交换是可逆的，已经被交换在树脂上的物质，如果再以酸、碱、盐或有机溶剂进行处理，上述交换则向反方向进行，直到被交换在树脂上的物质全部洗脱下来为止，这个过程叫洗脱（或解吸）。

若被提取物质在溶液中能离解为游离的阳离子或阴离子，并能与树脂中的活性离子进行交换作用，通过树脂被吸附与洗脱两个过程，即达到分离与提纯的目的。

2. 离子交换装置

离子交换装置比较简单，它由反应器与辅助管道组成。反应器多为柱式，习惯上常称为交换柱。

根据交换效果及产品质量要求，交换柱的组合形式可以分为单柱或几个柱串联的形式。交换柱由耐酸、碱腐蚀的非金属材料（常用有机玻璃或硬聚氯乙烯）或金属材料（常用碳钢做成外壳，内衬橡胶、塑料层或涂耐腐蚀涂层）制成。有定型产品和非定型产品两种形式。

实验室常用的离子交换柱主要是根据需要而设计的非定型产品，由非金属材料制成。工业生产中，用于分离和提纯的交换柱，其结构主要有两种形式，即具有多孔支持板的离子交换柱和具有块石支持层的离子交换柱，如图 2-26 和图 2-27 所示。

一般的离子交换柱为椭圆形上下封头的筒形设备。上下封头与筒体采用法兰连接，筒体高 H 与内径 D 之比 H/D 为 2～3，也有的高至 5 倍。树脂层高度约占筒体的 50%～70%，上部留有充分空间，以备反洗、转型等操作时，树脂层扩张之用，以免树脂流失。

上封头设有灯孔、视镜孔以便观察操作情况，并有压力表及各种进出料管。圆筒体上有的设有条形视镜，以便观察操作及装卸树脂等。下封头设有出料管。

3. 离子交换过程的选择性

在实际生产中，被提取的料液中经常同时存在许多离子，而影响离子吸附和洗脱的因素很多，为了达到分离和提纯目标产品的目的，常从以下几个方面进行考虑。

（1）离子交换的亲和力　离子和树脂间的亲和力愈大，吸附愈容易。一般规律是，在低浓度和室温下，离子的化合价愈高，愈容易被吸附。常见的离子与树脂亲和力大小的排列次序大致如下。

阳离子：$(CH_3)_4N^+ < Li^+ < H^+ < Na^+ < NH_4^+ < K^+ < Rb^+ < Cs^+ < Ti^+ < Ag^+ < Mg^{2+} < Cu^{2+} < Co^{2+} < Ca^{2+} < Pb^{2+} < Ba^{2+}$

阴离子：$CH_3COO^- < F^- < HCO_3^- < Cl^- < HSO_3^- < Br < NO_3^- < I^- < SO_4^{2-}$

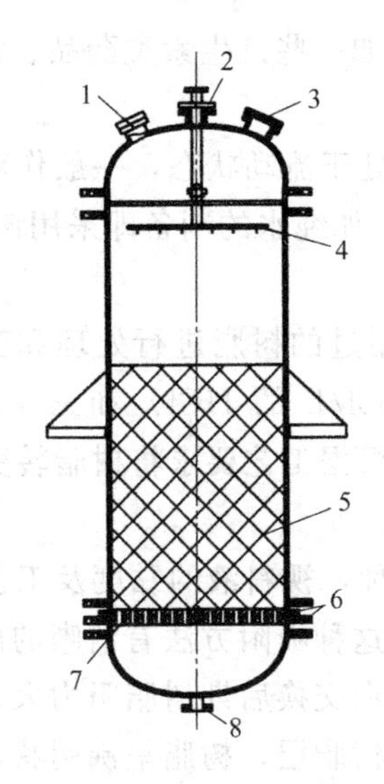

图 2-26　具有多孔支持板的离子交换柱

1—视镜；2—进料口；3—手孔；4—液体分布器；5—树脂层；6—多孔板；7—尼龙布；8—出液口

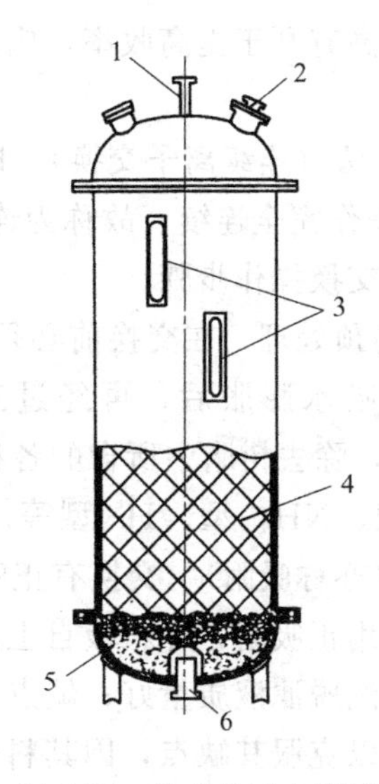

图 2-27　具有块石支持层的离子交换柱

1—进料口；2—视镜；3—液位计；4—树脂层；5—卵石层；6—出液口

上面次序中，排在后面的离子优先被吸附，并可以取代次序在前面的离子。

(2) 树脂的选择　选择合适的树脂是应用离子交换技术的关键。一般规律是，提取强碱性物质宜选用弱酸性树脂，若用强酸性树脂，吸附容易，但解吸困难。提取弱碱性物质宜选用强酸性树脂，若选用弱酸性树脂，因弱酸、弱碱生成的盐易水解，不宜吸附。同理，提取弱酸性物质宜选用强碱性树脂，强酸性物质宜选用弱碱性树脂。

(3) 溶液 pH 值的选择　选择溶液的 pH 值时，既要考虑到树脂本身的特性，又要考虑被分离物质的解离程度和稳定性。使用强酸、强碱性树脂时，只要考虑被提取物质的解离程度和稳定性；在使用弱酸、弱碱性树脂时，pH 必须选择适当，因为弱酸、弱碱性物质的交换作用受 pH 影响较大。对于弱酸性树脂，在酸性和中性下，其电离度很小，H^+ 不易游离出来，交换容量低，pH 应选择在 7 以上。同理，对于弱碱性树脂，pH 应选择在 7 以下进行交换。

(4) 洗脱条件的选择　选择洗脱条件的总原则是尽量使溶液中被洗脱离子的浓度降低。洗脱条件和吸附条件相反，若在酸性条件下吸附，应在碱性条件下解吸；若在碱性条件下吸附，则应在酸性条件下解吸。为使洗脱过程中，pH 变化不致过大，有时宜选用氨水等较缓和的碱性洗脱剂。

4. 离子交换操作方式的选择及操作步骤

(1) 离子交换操作方式　按树脂在床内是否运动，分为分批法、固定床法和流化床法三种。

① 分批法（静态吸附）　即将树脂投入料液的容器内，静止或搅拌约 4～6h，使交换达到平衡。这种方式设备简单，可以用釜式或柱式反应器，但树脂的饱和度不够高，影响收率，且因搅拌，使树脂破损率升高，因而较少使用。

② 固定床法（动态吸附或柱吸附）　即交换是在动态下进行的，将树脂放在交换柱或交换罐中，使料液自上而下或自下而上地流经树脂。该法的特点是可以采取多罐串联吸附，树

脂的饱和度较高有利于提高收率，应用较为广泛，例如一些抗生素类药品、氨基酸等的提取常采用此法。

③ 流动床法（连续离子交换） 即料液和树脂都处于流动状态，一般作对向流动（逆流方式），整个操作完全连续，故称为连续离子交换法。如纯水的制备即采用该法。

（2）离子交换操作步骤

① 树脂的预处理 在交换前必须对新买来或使用过的树脂进行处理和变型。一般先浸泡，使其充分吸水膨胀后，再经过三次酸（1～2mol/L 的 HCl）和三次碱（1mol/L 的 NaOH）处理，除去树脂中所含的各种杂质。之后，根据工艺要求将树脂转变成所需要的型式（如 Na^{+} 型、NH_4^{+} 型、H^{+} 型等）。

② 交换（亦称吸附） 交换有正吸附和反吸附两种，视料液的黏度及工艺条件而分别选用。一般多采用正吸附，即料液自上而下流经树脂。这种吸附方法有清晰的离子层色带，交换饱和度高，洗脱滤液质量好；缺点是交换周期长，在交换后期树脂阻力大，影响交换流速等。反吸附可以克服其缺点，因其料液自下而上流经树脂层，树脂呈沸腾状，但对交换设备要求高。

③ 洗脱（亦称解吸） 洗脱液的浓度随洗脱时间而变化，因此，要根据下一步工序的要求对不同浓度的洗脱液进行分步收集。在分步收集过程中，需要测定有效成分的含量。

④ 树脂的再生、转型和保存 已用过的树脂，如果在洗脱后，树脂的型式与下一次吸附树脂所要求的型式相同，则洗脱的同时，树脂就得到“再生”，可直接重复使用。若洗脱后树脂的型式不符合下次吸附时树脂所要求的型式，则需要用预处理新树脂的方法使其转换成所需要的型式。若树脂暂不使用，则应将树脂浸没于水中保存，以免树脂干裂而造成破损。

五、膜分离技术

膜分离技术是以天然或人工合成高分子膜作为分离介质，当膜两侧存在某种推动力（如压力差、浓度差、电位差）时，利用原料液中各组分的选择透过性差异实现分离、提纯和富集的新型技术。与常规分离相比，膜分离过程具有无相变化、能耗低、单级分离效率高、过程简单、占地面积少、不污染环境等优点，特别适用于热敏性物质（生物物质、酶制剂等）及同分异构体的分离，在化工、电子、食品加工、气体分离、医药和生物工程等方面已得到广泛应用。

膜分离可用于液相或气相，它包括微滤、超滤、反渗透、渗析、电渗析、气体分离、渗透蒸发等过程。其中，微滤、超滤、反渗透、电渗析为已开发应用的四大膜分离技术，气体分离、渗透蒸发正在开发应用中。表 2-8 列出了主要膜分离过程的特征及应用。

表 2-8 膜分离过程的特征及应用

膜分离过程	传质动力	膜类型	截留组分	分离机理	分离目的	简 图
微滤 （MF）	静压差 50～100kPa	对称 微孔膜	0.02～10μm 粒子	筛分	悬浮物分离	进料 → 滤液
超滤 （UF）	静压差 0.1～1MPa	非对称 微孔膜	1～20nm 大分子溶质	筛分	浓缩、分级、大分子溶液的净化	进料 → 浓缩液、滤液

续表

膜分离过程	传质动力	膜类型	截留组分	分离机理	分离目的	简　图
反渗透（RO）	静压差 1～10MPa	非对称膜或复合膜	0.1～1nm 小分子溶质	溶解-扩散	低分子量组分的浓缩	进料；浓缩液；溶剂（水）
渗析（D）	浓度差	非对称膜	血液透析中 ＞0.005μm	在非对流层中扩散	从大分子溶液中脱除小分子	进料；净化液；扩散液；接受液
电渗析（ED）	电位差	离子交换膜	同名离子、大离子和水	反离子经离子交换膜的迁移	溶液脱盐、小分子溶质的浓缩	浓电解质；溶剂；阴膜；进料；阳膜
气体分离（GS）	静压差 1～10MPa 或浓度差	均质膜 复合膜 非对称膜	较大组分（除非膜中溶解度高）	溶解-扩散	气体混合物的分离	进气；渗余气；渗透气

六、色谱技术

色谱法也称层析法，是目前广泛应用的一种化合物分离技术，是分离各种生化物质的主要手段之一。由于色谱法具有分辨率高、选择性好、设备简单、操作方便、条件温和、不易造成物质变性等优点，根据各种原理进行分离的色谱法不仅普遍应用于杂质多、含量少的复杂样品的定量分析与检测，而且更广泛应用于生化物质的制备分离和纯化，成为制药下游加工过程最重要的纯化技术之一。

1. 基本原理

色谱技术是一类物理分离方法，根据待分离混合物中各组分物理化学性质的差别，使各组分以不同程度分布在固定相和流动相两相中，由于各组分随流动相前进的速度不同，从而得到有效分离。

色谱系统都由两个相组成：一是固定相，它或者是固体物质或者是固定于固体物质上的成分；另一是流动相，即可以流动的物质，当待分离的混合物通过固定相时，由于各组分的理化性质存在差异，与两相发生相互作用（吸附、溶解、结合等）的能力不同，在两相中的分配（含量对比）不同，与固定相相互作用力越弱的组分，随流动相移动时受到的阻滞作用小，向前移动的速度快。反之，与固定相相互作用越强的组分，向前移动速度越慢。分步收集流出液，可得到样品中所含的各单一组分，从而达到将各组分分离的目的。

在定温定压条件下，当色谱分离过程达到平衡状态时，某种组分在固定相 s 和流动相 m 中含量（浓度）c 的比值，称为平衡系数 K（也可以是分配系数、选择性系数等）。其表达通式可写为：

$$K=\frac{c_s}{c_m}$$

式中　K——平衡系数（分配系数、吸附系数、选择性系数等）；

c_s——固定相中的浓度，mol/L；

c_m——流动相中的浓度，mol/L。

平衡系数 K 主要与下列因素有关：①被分离物质本身的性质；②固定相和流动相的性质；③色谱柱的操作温度。

一般情况下，温度与平衡系数成反比，各组分平衡系数 K 的差异程度决定了色谱分离的效果。K 值大表示其溶质在固定相中浓度大，在洗脱过程中溶质出现较晚；K 值小表示某溶质在流动相中浓度大，故在洗脱液中出现较早；有相似的 K 值，则表明两组分色谱峰会发生重叠，分离效果差。K 值差异越大，色谱分离效果越理想。

例如，利用物质在溶解度、吸附能力、立体化学特性及分子的大小、带电情况及离子交换、亲和力的大小及特异的生物学反应等方面的差异，使其在流动相与固定相之间的平衡系数（或称分配系数）不同，达到彼此分离的目的。

2. 色谱分类

色谱可按照其原理和操作形式的不同进行分类，具体分类如下。

（1）按色谱原理分类　表 2-9 列出了按照色谱原理划分的色谱技术种类。

表 2-9　按照色谱原理划分的色谱技术

名称	分离原理
吸附色谱法	各组分在固体吸附剂表面吸附能力不同
分配色谱法	各组分在流动相和固相中的分配系数不同
离子交换色谱法	固定相是离子交换剂，各组分与离子交换剂亲和力不同
凝胶色谱法	固定相是多孔凝胶，各组分的分子大小不同而在凝胶上受阻滞的程度差异
亲和色谱法	固定相只能与一种待分离组分专一结合，以此和无亲和力的其他组分分离

（2）按操作形式不同分类　表 2-10 列出了按照操作形式划分的色谱技术种类。

表 2-10　按照操作形式划分的色谱技术

名称	操作形式
柱色谱法	固定相装于柱内，使样品沿着一个方向前移而达到分离
薄层色谱法	将适当黏度固定相均匀涂铺在薄板上，点样后用流动相展开使各组分分离
纸色谱法	用滤纸作液体的载体，点样后用流动相展开，使各组分分离
薄膜色谱法	将适当的高分子有机吸附剂制成薄膜，以类似纸色谱法进行物质分离

3. 吸附柱色谱

在化工或制药单元操作中，采用色谱技术对化合物组分分离制备过程中以吸附柱色谱应用最广，而通常薄层色谱多作为化合物检测手段。以下只介绍吸附柱色谱的相关问题，其操作方法也可作为其他类型柱色谱的参考。

（1）色谱柱　实验室多采用玻璃色谱柱，如图 2-28 所示，工业生产用色谱柱为内壁光滑的不锈钢柱。

色谱柱的尺寸根据被分离物的量来确定，其直径与高度之比则根据被分离混合物的分离难易而定，一般在 1∶8～1∶30 之间。柱身细长，分离效果好，可分离的量小，且阻力大而分离所需时间长；柱身短粗，分离效果较差，但一次可以分离较多的样品，且所需时间短。因此，选择色谱柱要根据待处理物料浓度、杂质含量、物料稳定性等情况考虑。

（2）吸附剂　柱色谱中最常使用的吸附剂是氧化铝、硅胶、氧化镁、碳酸钙和活性炭等。色谱用的氧化铝可分为酸性、中性和碱性三种。酸性氧化铝用1%盐酸浸泡后，用蒸馏水洗涤至悬浮液pH值为4～4.5，适用于分离酸性物质，如有机酸的分离。中性氧化铝pH值为7.5，适用于分离中性物质，如醛、酮、醌和酯类化合物。碱性氧化铝pH值为9～10，适用于分离碳氢化合物、生物碱、胺等化合物。氧化铝的粒度一般为100～150目，硅胶一般为60～100目，如果颗粒太小，淋洗剂在其中阻力大而流动太慢，甚至流不出来。通常吸附剂用量为被分离样品的30～50倍，对于难以分离的混合物，用量可达100倍或更高。对于吸附剂应综合考虑其种类、酸碱性、粒度及活性等因素，最后用实验方法选择和确定。

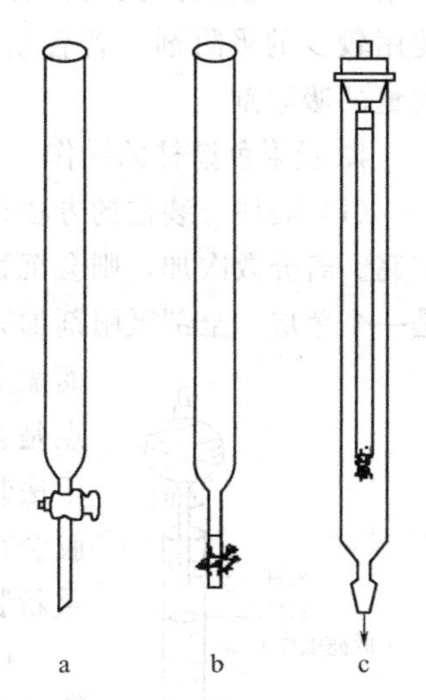

图2-28　玻璃色谱柱

此外，一些天然产物带有多种官能团，对微弱的酸碱性都很敏感，则可用纤维素、淀粉或糖类作吸附剂。活性炭是一种吸附能力很高的吸附剂，选择范围较广，不适合杂质含量较高的组分分离，又因粒度太小而不常用。

（3）淋洗剂　淋洗剂是将被分离物从吸附剂上洗脱下来所用的溶剂，所以也称为洗脱剂。其极性大小和对被分离物各组分的溶解度大小对于分离效果非常重要。一般说来，中等极性的被分离物质，需用中等活性的吸附剂及中等极性的淋洗剂；非极性的被分离物质，需要用高度活性的吸附剂及非极性淋洗剂；极性的被分离物质，用低活性的吸附剂及强极性的淋洗剂。淋洗剂的选择要考虑到被分离物质极性的强弱，而这种极性与化合物结构有相当密切的关系。各种官能团的极性，按下列顺序递增。

$-CH_2-CH_2- < CH=CH- < -OCH_3 < -COOR < =C=O < -CHO < -SH < -NH_2 < -OH < -COOH$

淋洗剂的用量较大，故最好使用单一溶剂以利回收。只有在选不出合适的单一溶剂时才使用混合溶剂。混合溶剂一般由至少两种可以无限混溶的溶剂组成，这种溶剂由“基础溶剂”及“洗脱溶剂”两部分组成。基础溶剂常用极性小的溶剂，如正已烷、石油醚、苯、四氯化碳、氯仿等；洗脱溶剂多用极性强的溶剂，如丙酮、乙醇、甲醇、乙酸乙酯等。先以不同的配比溶剂在薄层板上试验，选出最佳配比，再按该比例配制好，像单一溶剂一样使用。淋洗剂的选择应通过实验来确定。

对淋洗剂的选择不仅需考虑极性、选择性等因素，更基本的应注意以下因素的影响：

① 溶剂纯度，含有杂质影响分离；

② 溶剂吸收环境水分，会使极性等性质改变；

③ 存放条件不适宜或贮存时间过长，溶剂会变性；

④ 混合流动相间发生作用会使溶剂性质改变，溶剂极易挥发，流动相组成随时改变。

（4）被分离的混合物　在实际工作中，被分离的样品是不能选择的，但认真考察各个组分的分子结构，估计其吸附能力，对于正确选择吸附剂和淋洗剂都是有益的。若化合物的极性较大，或含有极性较大的基团，则易被吸附而较难被洗脱，宜选用吸附力较弱的吸附剂和极性较大的淋洗剂。反之，对于极性较小的样品则选用极性较强的吸附剂和弱极性或非极性淋洗剂。若各组分极性差别较大，则易于分离，可选用较为短粗的柱子，使用较少的吸附剂；若各组分极性相差甚微，则难以分离，宜选用细长的柱子并使用较大量的吸附剂。

4. 吸附色谱柱的操作

（1）装柱　装柱的方法根据装入吸附剂的状态而言分湿法和干法两种。吸附剂最好一次加完。若分数次加，则会沉积为数层，各层交接处的吸附剂颗粒甚细，在分离时易被误认为是一个色层。全部吸附剂加完后，在吸附剂沉积面上盖一层白沙（如柱很小，也可不用白沙而盖上一张直径与柱内径相当的滤纸片），关闭活塞。干法装柱的缺点是容易使柱中混有气泡。特别是使用硅胶为吸附剂时，最好不用干法装柱，因为硅胶在溶剂中有一溶胀过程，若采用干法装柱，硅胶会在柱中溶胀，往往留下缝隙和气泡，影响分离效果，甚至需要重新装柱。

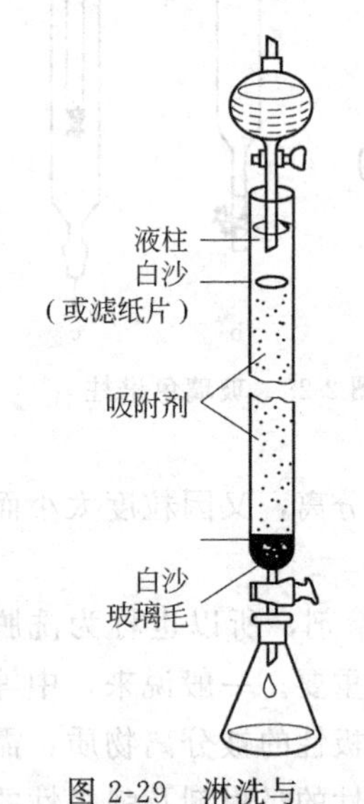

图 2-29　淋洗与收集装置

（2）加样　加样亦有干法、湿法两种。湿法加样是将待分离物溶于尽可能少的溶剂中，如有不溶性杂质应当滤去。干法加样是将待分离样品加少量低沸点溶剂溶解，再加入约 5 倍量吸附剂，拌和均匀后在通风橱中蒸发至干。揭去柱顶滤纸片，将吸附了样品的吸附剂平摊在柱内吸附剂的顶端，在上面加盖滤纸片或加盖一层白沙。干法加样易于掌握，不会造成样品溶液的冲稀，但不适合对热敏感的化合物。

（3）淋洗与收集　样品加入后即可用淋洗剂淋洗，如图2-29所示。随着流动相向下移动，混合物逐渐分成若干个不同的色带，继续淋洗，各色带间距离拉开，最终被逐个淋洗下来。当第一个色带开始流出时，更换接收瓶，接收完毕再更换接收瓶，接收两色带间的空白带，并依此法分别接收各个色带。若组分没有明显色带变化，可以按照等段时间用接收瓶收集，再用紫外光照射后是否出现荧光来检查，也可通过薄层色谱（TLC）或高效液相色谱（HPLC）分别检测。

第四节　加压、减压技术

一、加压技术

1. 加压设备

如果反应温度高于反应组分的沸点，或必须使用高浓度的气体（如氢化反应），操作就必须在密闭的容器内加压进行。对少量物质在不太高的压力下的反应可使用封闭管，而对于物质量大的高压反应，须在耐压容器（高压釜）中进行。

（1）封闭管　封闭管由耐压玻璃制成，平均能适应 2～3MPa 的压力和高达 400℃的温度。将反应混合物由长颈漏斗小心地装入管底，管内至少空出 3/4 的体积以容纳气体。将封管开口熔封，加入管式炉中，然后调节温度进行反应。反应结束，待封管冷透以后取出，将封管上半部分截断，取出反应产物。封闭管常用于化合物结构分析中的热裂解试验等方面。

（2）高压釜　高压釜多以不锈钢材料制成，具有良好的耐腐蚀性能，其工作压力为9.8～29.4MPa，特别适用于气体与液体、气体与固体的非均相反应。

高压釜由釜体和釜盖两部分组成。釜体为厚壁圆筒形容器，有0.1L、0.5L、1L、2L、5L等多种规格，为便于操作与控制，釜盖上安装有：用于高压气体导通与截止的针形阀、防止釜内超压的安全阀或防爆膜、测量釜内压力的铜制弹簧压力表（有氨存在时须用钢制氨用压力表）及便于遥控测温的热电偶等，容积大的高压釜内还有内部冷却装置。高压釜的搅拌方式有机械搅拌、电磁搅拌和振荡搅拌三类，机械搅拌耐压性差、易漏气，需要解决轴与釜盖之间的密封问题，一般仅用于大型高压釜或反应物黏稠的场合。实验室多采用不易漏气的电磁搅拌，即搅拌器被连接在一块永久磁铁上，当外面的磁铁被电机驱动后，封在釜内的搅拌器也随之被驱动，从而达到搅拌目的。釜体与釜盖间的接触面要有很高的光洁度，以便拧紧螺母实现良好的密封。釜体部分置于封闭式电炉中以备加热。

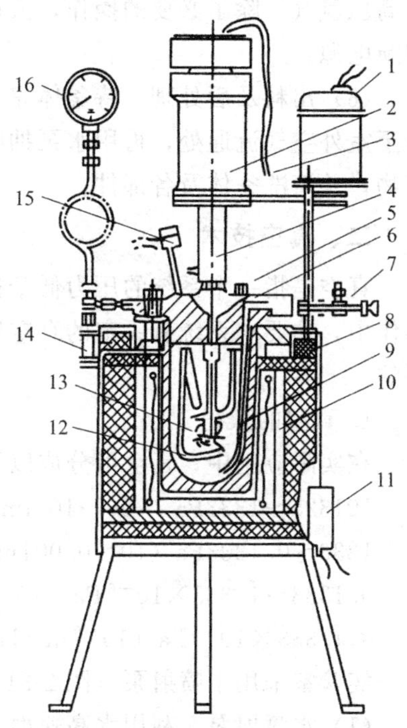

图2-30　磁力拖动搅拌式高压釜

1—电机；2—磁联轴器；3—测速线包引线；4—冷水夹套；5—装料口；6—釜盖；7—针形阀；8—釜体；9—加料管；10—加热炉；11—加热炉接线端子；12—冷却管；13—搅拌器；14—安全阀；15—热电偶；16—压力表

图2-30所示为一种磁力拖动搅拌式高压釜，容量较大（0.5～10L），最高工作压力达20MPa。

2. 高压操作及注意事项

高压釜必须放置在通风良好、无明火的防爆专用空间，且应备有必要的安全设施（如用厚水泥防护墙将釜与控制台和氢气钢瓶隔开）。在任何情况下都不应超过规定的操作温度和操作压力，因此在加热时必须适当调节，以防过热；若有漏气或其他异常声响时，都应立即断电；严禁使用对高压釜有腐蚀性的气体或溶剂进行反应，如盐酸、甲酸和乙酸及氧化性物质，不能在普通不锈钢制的高压釜中进行反应。

利用高压釜进行不同反应时，操作方法基本相似，但不完全相同。现以最常见的催化加氢为例，介绍操作方法及注意事项。

（1）投料　向反应器投料时，先注入液体，再将催化剂直接投放于液面之下，注意：所投料液不要超过釜体容积的2/3，也不能过少，以免热电偶接触不到液面，催化剂不能沾到壁面上，以免着火。

（2）闭釜　将釜体与釜盖的密封面擦拭干净，盖上釜盖，依对角线方式拧紧螺母，应避免拧得不均匀而漏气，也不要过紧，以免损坏密封面。

（3）检漏　将釜内空气抽出，后充氢气至釜压为1.0～1.5MPa，关闭进气阀，观察压力计读数是否变化，若变化，说明漏气，可用肥皂泡检出漏气处，待抽空氢气后检修，排除故障。

（4）置换（排除空气）　将氢气交替地压入釜内和排出釜外三次，或者用惰性气体（氮气）冲洗一段时间（10min），将釜内空气排净。

(5) 氢化反应　缓缓通氢气至实验所需压力，拧紧进气阀和氢气钢瓶角阀，开始时有部分氢气溶解于溶液中，压力可能稍降，待压力不变时，缓缓升温、搅拌，进行反应（一旦通入高压氢气，除了必要的操作，人员应退至防护墙外观察），至反应完毕，停止加热和搅拌，切断电源。

(6) 出料及后处理　待釜体完全冷却后，先打开阀门，让釜内剩余氢气通过钢质毛细管引至室外空气流通处，再用水泵抽吸或充氮气以排除氢气，放入空气，打开釜盖，处理反应产物，并清洗釜体及各部件。

二、真空技术

真空是指一个系统的压力低于标准大气压的气态空间，在抽滤、减压蒸馏、真空干燥等操作中，均要求系统有一定的真空度，因而真空度的获得与测量在化工实验技术中是非常重要的。

1. 真空的获得

在实际应用中，真空可分成以下的压力范围：

101325～1333Pa（760～10mmHg）为粗真空；

1333～0.1333Pa（10～0.001mmHg）为次真空或低真空；

0.1333～1.333×10^{-6}Pa（10^{-3}～10^{-8}mmHg）为高真空；

＜1.333×10^{-6}Pa（10^{-8}mmHg）为超高真空。

实验室采用水喷射泵（图 2-31）、循环水真空泵（图 2-32）、油泵等产生真空。

(1) 水喷射泵　利用水高速射流时静压能转换为动能而产生真空，吸入的气体混入水中并随之排出泵外。当水的压力足够时，随水温的不同，可获得 8～15mmHg❶ 的低压，该泵价格低廉、操作方便，但耗水量大，一般多用于抽滤。

(2) 循环水真空泵　也称水环式真空泵，广泛用于工业生产中如真空蒸发、真空送料、真空过滤、真空脱气等。利用水在泵体内的离心运动产生真空，工作时泵体内需不断补充水，将水加至箱体内循环使用，并定期更换，真空泵长期不用时应将水排空。由于受水饱和蒸气压的限制，循环水真空泵可获得 5～10mmHg 的低压。使用时要注意泵体内水量适宜，水温不要过高，否则水在泵体内汽化，使泵效率下降，真空度上不去。

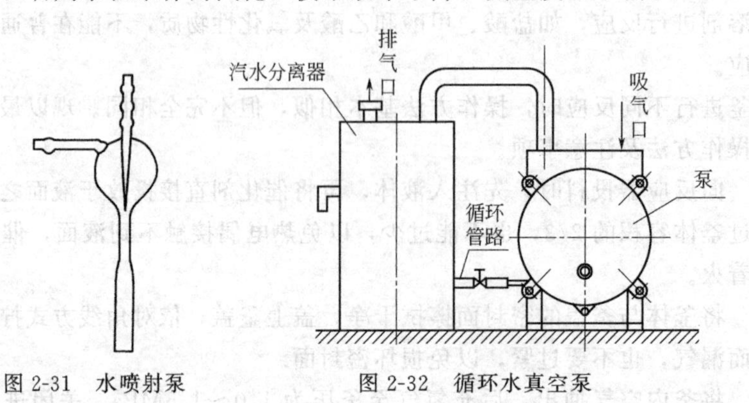

图 2-31　水喷射泵　　图 2-32　循环水真空泵

(3) 油泵　又称旋片式真空泵（图 2-33），是由两组机件串联而成，每一组主要由泵腔、偏心转子组成，经过精密加工的偏心转子的径向槽中，装有带弹簧的旋片，偏心转子在

❶ 1mmHg＝133.3Pa。

电机带动下紧贴泵腔壁旋转，旋片靠弹簧的压力和转子旋转时的离心力也紧贴泵腔壁，因此连续运转的旋片将泵腔分成两个不同的容积，周期性扩大和缩小。气体由进气嘴进入，被压缩后从第一组机件的排气管进入第二组机件，再由第二组机件经排气阀排出泵外。如此循环往复，使系统内压力减小。

油泵可产生0.001mmHg的真空，但使用时应避免易凝结蒸气、腐蚀性气体或挥发性液体进入泵内。油泵一般不能连续工作过长时间，以免泵体发热（不超过70℃）使泵油挥发。此外，应定期检查，及时换油。

要想获得比0.001mmHg更高的真空，通常将油泵（作为前级泵）和扩散泵（作为次级泵，常用的有汞扩散泵和油扩散泵）联合使用。

2. 真空的测量

实验室测量真空度的方法很多，粗真空的测量一般采用U形管水银压力计，对于较高真空度系统常采用麦氏真空规。

(1) U形管水银压力计　U形管水银压力计有开口式和闭口式两种，见图2-34。开口式压力计管高一般为80～100cm，可测量真空度和小于大气压的正压；闭口式压力计又称班那特短型真空计，是一端封闭的U形管，管高一般为20～30cm，仅用于测量真空度，由于封闭端形成真空，U形管两端的汞柱高度差即为系统内压力，闭口式压力计结构紧凑、使用方便，用于测量1～200mmHg的压力，但水银的装填较困难。

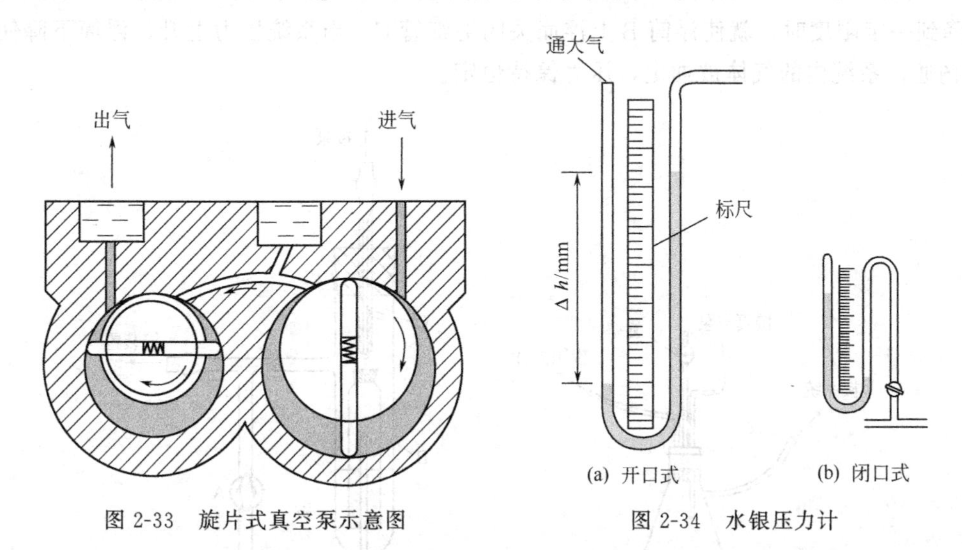

图2-33　旋片式真空泵示意图

图2-34　水银压力计

(2) 麦氏真空规　麦氏真空规是一种小型真空计，结构如图2-35所示。其体积小，汞用量少，操作简便，一般测量范围为10^{-3}～1mmHg。当其处于水平位置图（a）时，测量室M中的压力与装置的压力相同，而当真空规旋转90°至图（b）位置时，经过精确计量过的汞便将小室M中的气体压缩到较小的体积，该体积在标尺上的读数（预先校正为压力单位）即为装置的压力。

3. 真空操作注意事项

(1) 进行真空操作时，为防止液体倒吸或压力计内水银冲出，应在真空泵和系统之间连一体积较大的安全瓶（缓冲瓶），如图2-36所示，瓶口上装有二通旋塞，以备调节体系压力和解除真空时放气之用。

(2) 用班那特真空计测量压力时，若空气泡或蒸气渗入真空计的密封端，常造成较大的

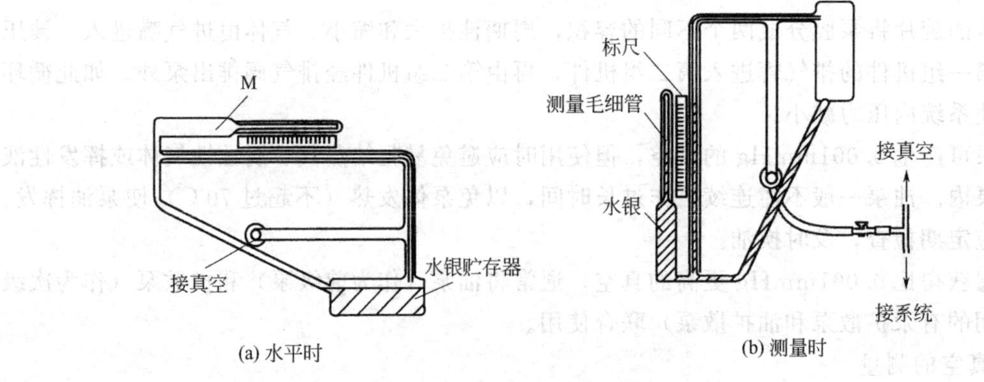

图 2-35　麦氏真空规

误差，因此规定：只有在读数时才允许打开真空计的旋塞。

（3）对能与空气形成爆炸混合物的有机蒸气，操作完毕后，应待系统降至适当温度再通大气，压力恢复正常后才能关真空泵。

（4）对压力要求恒定的真空操作，可使用恒压器，结构如图 2-37 所示。恒压器主要部件是置于水银中的浮筒 B，它的上端装有一个软橡皮塞，开动真空泵，在所要求的压力即将到达时，关闭旋塞 A，使浮筒 B 内气体与系统隔开，从而起到调节真空度的作用。当系统压力降到一定限度时，就使浮筒 B 上浮而关闭毛细管 C，当系统压力上升、浮筒下降使毛细管 C 畅通，系统内的气体被抽走，压力保持恒定。

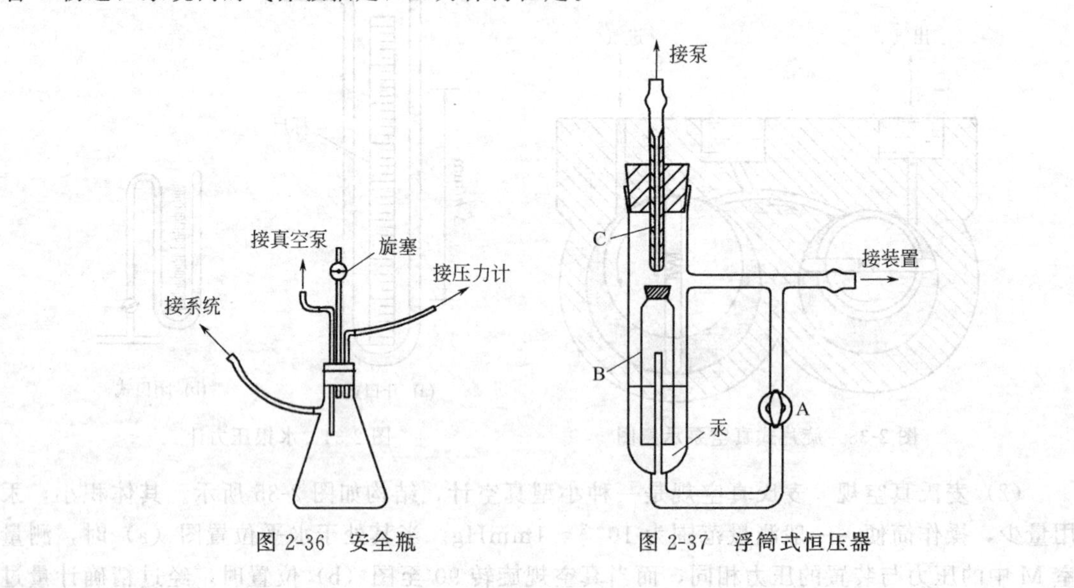

图 2-36　安全瓶　　图 2-37　浮筒式恒压器

第二篇　实验实例（实训项目）

◆ **实训组织与要求**

专业综合实训以职业能力与职业综合素质培养为目的，强调知识的综合运用以及独立完成工作任务的效果，注重养成良好的工作习惯，为将来工作奠定基础。实训阶段学生应根据指导教师要求，认真预习与总结，并完成实训计划、实训记录、实训报告等工作，实训结束进行“三位一体”即学生自评、不同小组之间互评、老师考评的方式进行考核。

1. 实训计划

实训课程的教学，提倡按照工作过程为导向，实施项目教学法，即依据产品生产技术与岗位群，学生基础与学习特点，将学生的技能、知识、素质培养集成于学生项目教学过程中。按照资讯、决策、计划、实施、检查、评价六步法进行教学，强调工作过程系统化和完整性。加强学生操作技能、运用知识、职业素质的培养，突出学生的主体地位，以提高学生的职业能力。

要求学生根据老师下达的任务，首先，提前查阅资料，制定计划；然后，实施计划；最后，进行评价总结，完成报告，通过以上过程完成实训教学任务。

2. 实训记录

（1）实训记录本（纸）竖用横写，不得使用铅笔。实训记录应用字规范，字迹工整。

（2）常用的外文缩写（包括实验试剂的外文缩写）应符合规范。首次出现时必须用中文加以注释。实训记录中属译文的应注明其外文名称。

（3）实训记录应使用规范的专业术语，计量单位应采用国际标准计量单位，有效数字的取舍应符合实训要求。

（4）实训记录不得随意删除、修改或增减数据。如必须修改，需在修改处画一斜线，不可完全涂黑，保证修改前记录能够辨认，并应由修改人签字，注明修改时间及原因。

（5）实训图片、照片应粘贴在实训记录的相应位置上，底片装载于统一制作的底片袋内，编号后另行保存。用热敏纸打印的实训记录，需保留其复印件。

（6）实训记录应妥善保管，避免水浸、墨污、卷边，保持整洁、完好、无破损、不丢失。

3. 实训报告

（1）认真阅读实训教材，在进行实训前完成“实训计划”，提交实训指导教师审阅同意后，方可进行实训。

（2）在实训中，必须按“实训原始记录”的基本格式和内容，认真观察和记录。实训原始记录一般以书写为主，必要时也可以辅以其他记录形式如记录纸、自动采集和存储信息的计算机或工作站等。

（3）实训完成后，在对实训数据认真分析的基础上，给出实训结果，并在规定的时限内，按“实训报告”的基本格式和内容提交实训报告。

4. 实训计划、实训记录、实训报告的要求与基本格式

(1) 实训计划

①“实训计划”的开头填写如下内容：

实训项目名称：____________________

专业名称：________班级：______姓名：______学号：_____；同组人：________；计划实训日期：________

②“实训计划”的内容包括如下几个方面：

一、实训目的与要求

二、实训原理及基本知识点

三、实训用药品、原材料、仪器及设备

四、“预习与思考”的问题回答

五、实训步骤、方法（本项是实训计划的主要内容，要详细、可操作）

六、存在的疑问及实训过程应注意的事项

(2) 实训原始记录

①“实训原始记录”的开头填写如下内容：

实训名称：____________

班级：______学生姓名：______学号：______指导教师：______

实训日期：______开始时间：______结束时间：

实训地点：__________室温：

②“实训原始记录”的具体内容按下表的格式记录：

时间	温度	步骤	现象	备注

(3) 实训报告

①“实训报告”的开头应填写如下内容：

实训名称：____________

班级：______学生姓名：______学号：______实训日期：______

实训地点：__________报告完成日期：______

②“实训报告”的内容包括如下几个方面：

一、目的与要求

二、实训原理

三、实训设备及原料、药品

四、实训流程

五、实训步骤及操作

六、结果分析或数据处理

5. 成绩评定

综合实训按一门课单独计分，成绩评定采用学生自评、不同小组之间互评、老师考评的方式进行考核。成绩主要根据以下几个方面评定：

① 考查学生对项目工作的态度、工作能力、团队精神、创新意识、知识的灵活运用、职业道德等；

② 考查学生完成查阅资料，制定计划，实施计划，评价总结，完成报告等各项要求的情况；

③ 考查学生掌握实验操作技能的准确程度与熟练程度；

④ 独立编写实训报告，考查实训报告的内容是否符合要求及正确程度；

实训成绩采用“优秀、良好、及格、不及格”四级制，由实训指导教师、学生根据上述几个方面综合评定。

◆ 流程安装与要求

设计、搭建与安装符合要求的实验流程，是化工、制药工艺类实验的基本技能要求，也是关乎实验成败的关键。安装流程要求如下。

① 安装流程必须认真，一丝不苟。

② 安装流程应由左向右，由上到下；先放仪器，后配弯管。

③ 流程安装应整齐，从侧面看，主要设备、仪器应成一条直线，仪器应垂直，管路应垂直和水平，除特殊情况外弯曲处都应成90°角。

④ 流程布置应便于操作。

⑤ 气管用玻璃管，都需要洗净，当气体不能和水接触时，管路还要干燥，两个玻璃管的接头胶管用富于弹性的乳胶管；当物料是能溶乳胶管的苯等物质时，要选用耐苯橡胶管，接头胶管要短而紧，一般长度30mm左右。内径要稍小于被连接的玻璃管。

用乳胶管连接玻璃管时，可用手指蘸少量水，在玻璃管上涂一圈作为润滑剂，而后将乳胶管旋转一周接上。被连接的两段玻璃管端点要尽可能的接近；这样不但连接处紧密，而且连接处的胶管不易被管内流体溶胀或腐蚀。

⑥ 磨口玻璃仪器的磨口，三通活塞、酸式滴定管活塞的旋塞表面应涂薄薄一层凡士林润滑，旋塞另一端套小橡皮圈，以防止旋塞滑出打碎。

⑦ 冷凝器、反应管等仪器要用万能夹夹住，要适当夹紧，以放滑落。

⑧ 分液漏斗用铁圈固定，分液漏斗的塞子要用细棉绳与漏斗系住，防止掉出打碎，水冲泵要用铁丝、棉绳与水龙头系牢，以防打碎。

⑨ 要注意勤俭节约，避免浪费。

第三章　有机化工及其专业群工艺实训

实验一　乙醇催化脱水制乙烯

乙烯是重要的基本有机合成原料，工业上主要是通过分离石油裂解气而大量获得。在实验室，少量的乙烯通常由乙醇催化脱水制得。

一、目的与要求

(1) 熟悉气-固相固定床催化反应特点及控制方法。

(2) 能进行实验室连续化生产工艺流程的安装与开停车操作，培养学生的协作精神。

(3) 会正确装填固定床催化剂。

(4) 熟悉实验室常用的温度、压力测量方法及气体分析仪的使用。

(5) 学会实验数据的选取、整理，进行收率、空速计算及物料衡算。

(6) 训练学生安全操作和劳动保护意识。

二、实验原理

1. 本实验的主、副反应

主反应：

$$C_2H_5OH \xrightarrow[340\sim360℃]{Al_2O_3} C_2H_4 + H_2O$$

副反应：

$$2C_2H_5OH \xrightarrow[230\sim250℃]{Al_2O_3} C_2H_5OC_2H_5 + H_2O$$

$$C_2H_5OH \xrightarrow{高温} CH_3CHO + H_2$$

在乙醇脱水制乙烯的过程中，控制反应温度很重要。温度过低，乙醚的含量增高；温度过高，则有深度反应发生，产生甲烷、氢、焦油、炭黑等。

2. 反应的工艺条件

催化剂　$Al_2O_3 \cdot H_2O$

温度　340～360℃

压力　常压

三、预习与思考

(1) 如何标定乙烯贮瓶体积？

(2) 流程中凝液瓶和碱洗瓶的作用各是什么？

(3) 如何固定并缠绕电阻丝，才能保证供热效果？

(4) 温度计的测量位置在哪儿合适？

(5) 乙烯贮瓶胶塞上至少有进气、出气、进水、出水四个管道，它们各有什么作用？在贮瓶内四个管口的高低位置如何确定？

(6) 为什么反应过程中系统后部要维持一定负压？在实际生产中也要如此吗？

(7) 在存放和使用过程中，如何保证水银的使用安全？如不慎洒落出来，如何处理？

(8) 配制硫酸和氢氧化钠溶液应注意什么？

(9) 开车之前，试漏和氮气置换的必要性是什么？

(10) 调压器（变压器）如何接线？怎样才能保证用电安全？

四、实验装置、流程与药品

1. 主要仪器与设备

(1) 固定床反应器　用于气-固相固定床催化反应。

(2) 气体分析仪　用于乙烯贮瓶中乙烯含量分析。

2. 实验装置与流程

流程简述：如图 3-1 所示。原料乙醇由加料漏斗 1 加入乙醇加料管 2（能指示体积）中，经观察窗 3 流入管式反应器 4，先受热汽化，后在氧化铝催化下分子内脱水生成乙烯，并有少量副产物乙醚、乙醛等生成。产物气经回流冷凝器 8、8′和凝液收集瓶 6、6′，将其中的水、乙醇、乙醚冷凝收集，再经缓冲瓶 9、碱洗瓶 10 将乙醛洗脱，余下的乙烯导入乙烯贮瓶 12。为便于补加原料乙醇，加料管 2 顶部与观察窗 3 侧管相连。

注：乙醇加料装置可用恒压滴液漏斗代替。

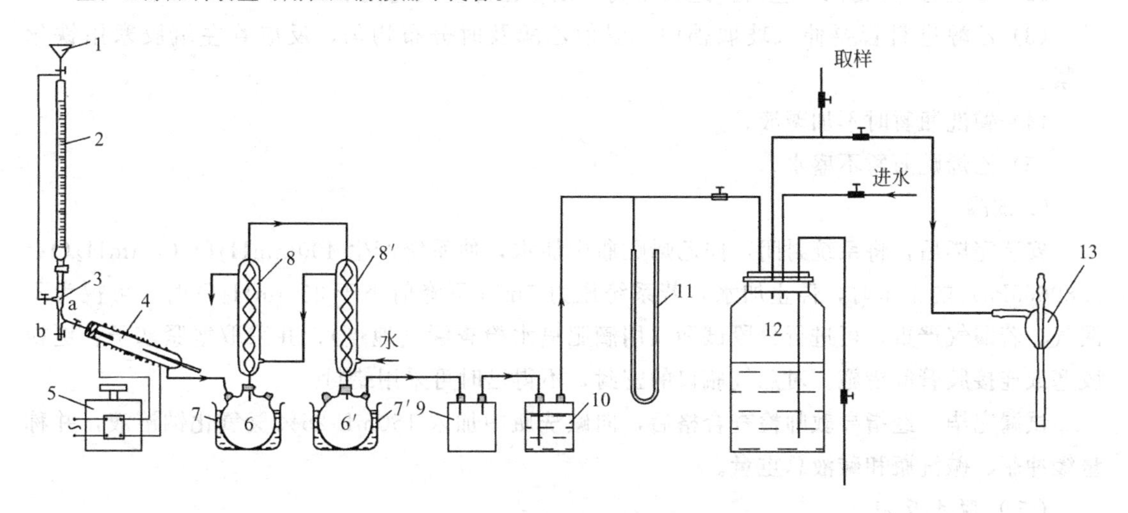

图 3-1　乙醇脱水制备乙烯实验流程图

1—乙醇加料漏斗；2—乙醇加料管；3—观察窗；4—管式反应器；5—调压器；6，6′—凝液收集瓶；7，7′—水浴锅；8，8′—冷凝器；9—缓冲瓶；10—碱洗瓶；11—压力计；12—乙烯贮瓶；13—水冲泵；a，b—阀门

3. 实验药品

乙醇、浓硫酸、硫酸汞固体、氢氧化钠溶液（25%），以上均为化学纯或自配；氮气（取自钢瓶）、氧化铝催化剂（自制）。

五、实验步骤与方法

（一）催化剂的制备与活化

催化剂制备方法参见实验二。不论是新制备的催化剂，还是使用过的催化剂，使用前均需活化，以除去水分、焦油、积炭等。

在洁净、干燥的坩埚内放入待活化的催化剂，置于高温炉膛内，缓缓升温至550℃，恒温活化 4h，后降至常温，取出催化剂，用洁净、干燥的量筒测其堆体积，备用。

（二）安装实验装置

1. 凝液瓶称重

将凝液收集瓶洗净、干燥，配上合适胶塞后称重，胶塞要标上记号并妥善保存，备用。

2. 反应管内装填催化剂，管外绕电阻丝

(1) 反应管中部即温度计套管的顶部装填催化剂[①]，催化剂两旁依次装填少量玻璃棉、干燥洁净的小瓷环和玻璃棉，催化剂前边的玻璃棉和小瓷环起预热乙醇的作用，催化剂后边的小瓷环和玻璃棉是为了防止催化剂粉末被夹带走。

(2) 反应管外壁绕电阻丝时（用石棉绳加以固定），进口处不能绕电阻丝，反应段电阻丝圈距 5～10mm，其余部位电阻丝圈距 10～20mm，电阻丝经调压器与电源相连，反应器两端绕石棉布，外套粗玻璃管以保温。

3. 乙烯贮瓶量体积

乙烯贮瓶装满水后，在瓶壁上垂直贴一条坐标纸，由放出水量标定贮瓶体积。

4. 按图 3-1 安装实验装置[②]

(1) 乙醇加料管 2 中，加入 50mL 乙醇。

(2) 反应管应倾斜 20°左右，进口稍高，以便乙醇能顺利流下。

(3) 乙醇进料管要伸入玻璃棉中，以使乙醇及时分布均匀，反应管左端胶塞用铁丝扎紧。

(4) 碱洗瓶暂时不加碱液。

(5) 乙烯贮瓶暂不盛水。

5. 试漏

安装完毕后，将系统封闭，向乙烯贮瓶中加水，使系统产生 400mmH_2O（1mmH_2O=9.80665Pa）的正压时，停止加水，若系统压力 5min 下降值小于 20mmH_2O 时，可视为不漏气。若漏气严重，可进行分段试漏（用滴肥皂水检查漏气地点），并采取塞紧塞子、更换胶塞或连接胶管等措施。对贮气瓶口的密封，不得已时可采用蜡封。

试漏完毕，经指导教师检查合格后，向碱洗瓶中加入 150mL 25%氢氧化钠溶液，并称量缓冲瓶、碱洗瓶和碱液总重量。

(三) 脱水反应

1. 置换

将乙烯贮瓶灌满水，排净瓶中空气，关闭进、出水管。由反应管进口三通管处接盛有惰性气体（N_2）的球胆，将乙烯贮瓶的出气口打开，用手挤压球胆，将 N_2 压出，用 N_2 置换系统中的空气。

2. 升温

将调压器转盘拨到零，接通电源，电压先调至 20V，以后每 10min 升高电压 5V，至温度升至 360℃，并使之恒定。

3. 加料反应

(1) 当反应管温度升到 360℃时，关闭阀门 a，旋开加料管 2 的旋塞，使液体积存于三通中，缓缓打开阀 b，勿使空气进入系统，并用容器收集滴出的乙醇，调节加料速度为 0.45～0.55mL/min（可用滴数来估算）。当滴加速度稳定后，关阀 b、开阀 a，待乙醇流至反应管的瞬间，记录乙醇加料管中乙醇液面读数。

(2) 开启冷凝器的冷却水，开水冲泵，使流程后部产生 200mmH_2O 负压。关水冲泵前阀，关泵。

(3) 待反应产生的乙烯气体通过碱洗瓶后，缓缓打开贮瓶出水阀，调节出水量，使乙烯贮瓶压力维持 $60mmH_2O$ 负压。

(4) 开始反应后，每 10min 记录一次，记录项目为：时间、电压、温度、乙醇加料管液面读数、加料速度、压力、乙烯体积。

(5) 若需补加原料乙醇，可关加料管 2 的旋塞，记下剩余乙醇量后，由加料漏斗补加，并记录液面读数及补料时间。补加完毕，加料旋塞仍旋至原开启位置，继续反应。

(6) 乙醇滴加完毕，再继续反应 20min，以使存留在反应管中的乙醇反应完全。

(7) 反应完毕，缓慢调低电压[3]（每分钟降 5V）至零，切断电源。在降压的同时，将乙烯贮瓶压力调至 $0mmH_2O$（怎样调），记下乙烯总体积，然后向贮瓶加水，使贮瓶压力达 $50mmH_2O$，用球胆取样分析乙烯含量，关闭进气口。

(8) 将凝液收集瓶取下，并用原配的胶塞塞紧后，称总量，以此可确定凝液质量。

将缓冲瓶、碱洗瓶和碱液称总量，由此可确定碱液增量，碱液倒入回收瓶。

（四）产品分析

用气体分析仪分析乙烯贮瓶中乙烯的含量。乙烯吸收剂采用酸性硫酸汞[4]溶液，配制方法如下：

(1) 将浓硫酸（$\rho=1.84g/mL$）慢慢滴加至约 200mL 水中，配成 22% 的 H_2SO_4 溶液；

(2) 在 500mL 洁净烧杯中，加入 37g 固体硫酸汞，并将 22% 的硫酸加至硫酸汞中搅拌，使 $HgSO_4$ 恰好全部溶解，制成透明溶液，除去溶液中的不溶物后即可注入气体分析仪的吸收瓶中，1 体积吸收液可吸收 3 体积乙烯；

(3) 经取样测定，得样品中乙烯含量。

六、数据处理与讨论

1. 由下式计算空间速度

$$S_V=\frac{22.4V_{乙醇}c_{乙醇}}{\tau V_{堆}}$$

式中 S_V——空间速度，即单位体积的催化剂在单位时间内所通过的原料标准体积流量，h^{-1}；

$V_{乙醇}$——液态乙醇加料总体积，L；

$c_{乙醇}$——原料中乙醇的浓度，mol/L；

τ——净进料时间，h；

$V_{堆}$——催化剂堆体积，L；

22.4——标准状况下 1mol 乙醇蒸气的体积，L/mol。

2. 对反应器做物料衡算

输　入		输　出	
乙醇	g	乙烯 凝液 碱液增重	g g g
总计	g	总计	g

若物料输入、输出的差值与输入量之比大于 5% 时，应说明原因。

3. 计算乙烯收率

4. 讨论

(1) 若乙烯收率偏低，找出原因。

(2) 若要使乙烯贮瓶中氮气量尽量低，应如何操作？

(3) 硫酸汞对环境有危害，尝试检验乙烯含量的其他方法来代替硫酸汞吸收法。

七、注释

① 装填催化剂、小瓷环时，每装一段应轻轻拍打，使之堆积紧密均匀。

② 安装流程时应合理布局，连接两玻璃管的乳胶管长度（无夹子时）为 3cm，玻璃管口应熔烧，管道连接横平竖直；为防止补加乙醇时，乙醇流入平衡管，加料漏斗与乙醇加料管之间三通可用 Y 形三通。

③ 反应管降温（包括升温）应缓慢进行，否则易引起反应管炸裂。

④ $HgSO_4$ 剧毒，其溶液不要与皮肤接触，以免腐蚀皮肤。

实验二　催化剂载体——活性氧化铝的制备

活性氧化铝（Al_2O_3）不仅能做脱水吸附剂、色谱吸附剂，更重要的是做催化剂载体，广泛用于石油化工领域。它涉及重整、加氢、脱氢、脱水、脱卤、歧化、异构化等各种反应。

一、目的与要求

(1) 了解固体催化剂制备的原理与工艺过程。

(2) 熟悉实验室固体催化剂制备技术。

二、实验原理

制备活性氧化铝的方法不同，得到的产品结构也不同，其活性差异很大，虽然制备活性 Al_2O_3 的方法和路线很多，但无论哪种路线都必须先制成氧化铝水合物，再经高温脱水生成所需形态的 Al_2O_3。

制备水合氧化铝的方法很多，可由铝盐、醇铝、偏铝酸盐等为原料，选用适当的沉淀剂，并控制温度、pH 值、反应时间、反应物浓度等工艺条件，得到均一相态的氧化铝。本实验用氯化铝与氨水沉淀法。将沉淀在 pH＝8～9 范围内老化一定时间，使之变成一水软铝石，再洗涤至无氯离子。将滤饼用注射器挤成长条后，进行干燥，高温焙烧得产品。反应式如下：

$$AlCl_3 + 3NH_3 \cdot H_2O \longrightarrow Al(OH)_3 \downarrow + 3NH_4Cl$$

三、预习与思考

(1) 计算配制 10% 的氨水溶液 200mL，需浓氨水多少毫升？

(2) 若误将无水氯化铝当做水合氯化铝进行溶液配制，后果会怎样？

(3) 催化剂制备过程中，老化的目的是什么？

(4) 洗涤过滤时，如何减少沉淀的损失？

(5) 若采用循环水式真空泵，水温高低有影响吗？

四、实验装置与药品

1. 实验装置

自行安装。

2. 主要药品

氯化铝（含结晶水，化学纯）、氨水（化学纯）、1% 硝酸银溶液。

五、实验步骤及方法

1. 溶液配制

（1）称取 92.6g 水合氯化铝，投入 1000mL 的烧杯中，加蒸馏水 150mL 左右，搅拌后澄清。如果有不溶物或颗粒杂质，用漏斗过滤，制得 $AlCl_3$ 溶液。

（2）配制浓度为 10%左右的氨水溶液 200mL，测密度，待用。

2. 水合氧化铝的制备（假一软水铝石）

（1）沉淀　搅拌下将氨水溶液逐滴加入 $AlCl_3$ 溶液内，有沉淀生成，用 pH 试纸检验反应液的 pH 值，保持 pH＝8 不再变化时，停止加氨水。继续搅拌 30min，随时测 pH 值，如有下降再补加氨水，记录氨水用量。

（2）老化　置于电炉上，40min 后将温度升至 50～60℃，停止搅拌，静止老化 1h。

（3）过滤　用洗净的布氏漏斗连接真空泵进行真空过滤，滤纸应比漏斗内圆稍小，用少量蒸馏水润湿铺平。随着洗涤次数的增加，过滤速度逐渐减慢。

（4）洗涤　取出抽干的滤饼，放在 1L 的烧杯内，加入 200mL 蒸馏水和约 2mL 浓氨水，加热至 60℃，并不断搅拌打碎滤饼。待全部变成浆状物后，趁热再次真空过滤，洗涤十余次，直到用 1% $AgNO_3$ 溶液检验滤液，不产生白色沉淀为无 Cl^-，即为合格。

（5）成型　将洗好的滤饼放入注射器内，挤成长条状，并放入洁净搪瓷盘。

（6）干燥及焙烧（活化）　将已成型的滤饼放入烘箱中在 110℃下干燥 4h，至恒重，称量（m_2），再置于高温炉中 500℃下焙烧 4h，最后生成 γ-Al_2O_3，称量（m_3）。

六、数据处理及讨论

1. 计算收率和结合水量

$$\gamma\text{-}Al_2O_3\text{的收率}=\frac{\text{生成的 }\gamma\text{-}Al_2O_3\text{的物质的量}\times 2}{AlCl_3\text{投料物质的量}}\times 100\%=0.1745m_3\times 100\%$$

$$\text{假一水软铝石中的化学结合水量}=\frac{(m_2-m_3)/18}{m_3/102}$$

2. 讨论

（1）所得 γ-Al_2O_3 的收率如何？收率较低的原因是什么？如何提高？

（2）整个制备过程中，影响因素有哪些？如何控制？

实验三　苯烷基化制乙苯

乙苯在常温下是无色透明液体，沸点 136.2℃，它的主要用途是脱氢制苯乙烯。苯乙烯是重要的高分子聚合物单体，广泛用于塑料、橡胶等工业生产中，需要量很大，故乙苯的产量在基本有机化学工业中也占相当大的比重，而目前工业上获得乙苯的主要途径仍是采用苯烷基化的合成方法。

一、目的与要求

（1）熟悉鼓泡反应器的结构，学会工艺流程的组织与安装。

（2）学会液体催化剂的制备，掌握无水操作要领。

（3）掌握气-液相催化反应的实验操作技术，熟悉蒸馏操作、气体流量测量及阿贝折光仪的使用。

（4）学会实验数据的选取、整理，进行转化率及收率的计算。

二、实验原理

1. 本实验的主副反应

主反应：

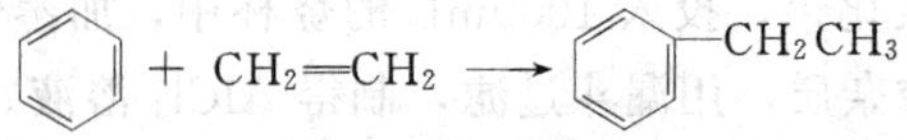

$$C_6H_6 + CH_2{=}CH_2 \longrightarrow C_6H_5CH_2CH_3$$

副反应：

$$C_6H_6 + 2C_2H_4 \longrightarrow C_6H_4(C_2H_5)_2$$

$$C_6H_6 + 3C_2H_4 \longrightarrow C_6H_3(C_2H_5)(C_2H_5)_2$$

$$C_6H_4(C_2H_5)_2 + C_6H_6 \longrightarrow 2\,C_6H_5C_2H_5$$

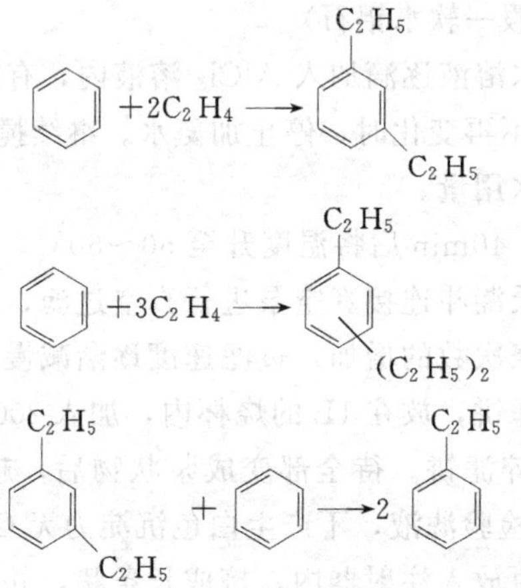

2. 反应的工艺条件

催化剂　无水氯化铝-烷基苯-盐酸三元络合物

原料摩尔比　苯：乙烯为1：0.5～0.6（因副产物多乙苯在反应条件下与苯作用生成乙苯，故采用苯过量法，以提高乙苯的收率）

温度　80～85℃

压力　常压

三、预习与思考

(1) 在苯烷基化制乙苯过程中，存在哪些副反应？为什么进料采用苯过量的方法？

(2) 如何用湿式流量计标定毛细管流量计？

(3) 怎样配置尾气贮瓶上的管道进出口位置，才能避免反应初期尾气贮瓶中的水倒吸入反应器？

(4) 反应结束后，洗涤鼓泡反应器时，能否直接用水洗涤？

四、实验装置、流程与药品

1. 实验仪器与设备

(1) 鼓泡反应器，用于气液相催化反应。

(2) 湿式流量计、真空泵，用于标定毛细管流量计的流量与压差的关系。

(3) 阿贝折光仪，用于测定溶液的折射率。

(4) 气体分析仪，用于测定原料乙烯和尾气中乙烯的含量。

2. 装置与流程

(1) 催化剂制备流程　如图 3-2 所示。

(2) 毛细管流量计标定流程　如图 3-3 所示。

(3) 苯烷基化制乙苯工艺流程　如图 3-4 所示。

由于在较短时间内烷基化反应难以达到组成稳定。故本实验不采用连续加苯、连续溢流

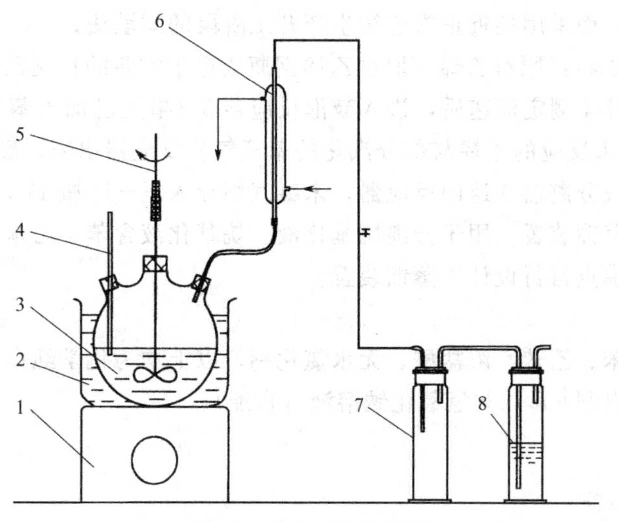

图 3-2　催化剂制备流程

1—可调电炉；2—水浴锅；3—三口烧瓶；4—温度计；5—搅拌器；6—回流冷凝器；7—缓冲瓶；8—水洗瓶

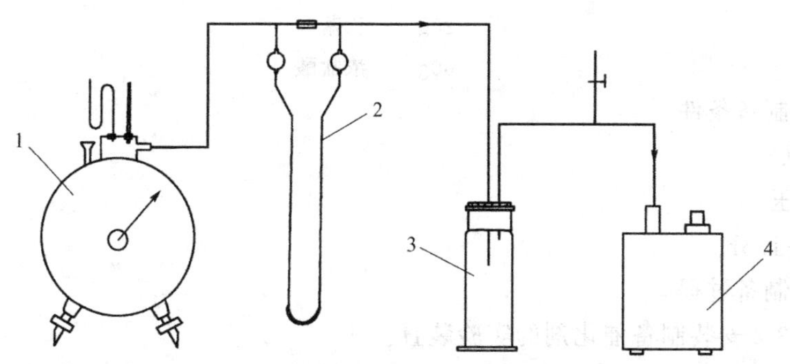

图 3-3　毛细管流量计标定流程

1—湿式流量计；2—毛细管流量计；3—缓冲瓶；4—真空泵

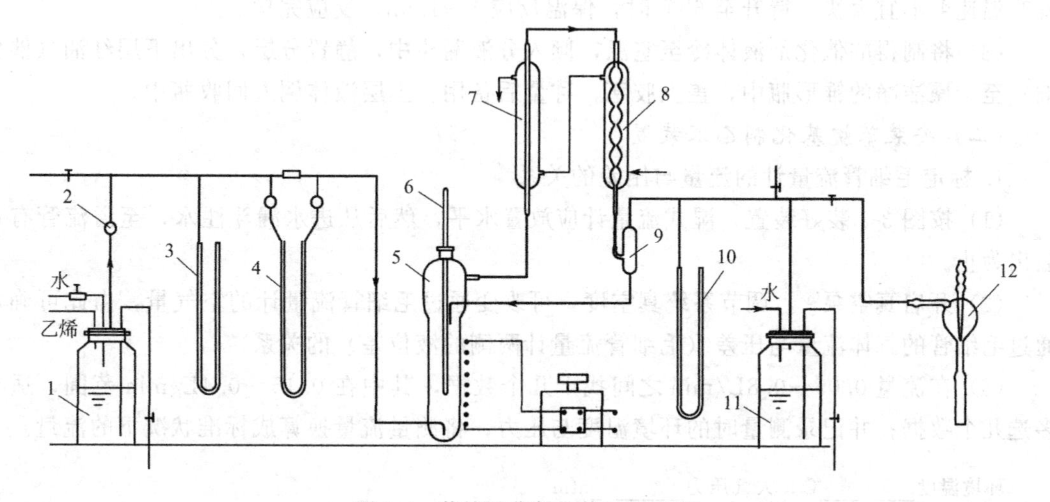

图 3-4　苯烷基化制乙苯工艺流程

1—乙烯贮瓶；2—干燥管；3，10—压力计；4—毛细管流量计；5—反应器；6—温度计；7，8—冷凝器；9—气液分离器；11—尾气贮瓶；12—水冲泵

烷基化液的连续法，而采用接近正常连续生产开工阶段的间歇法。

流程简述（图 3-4）：原料乙烯（取自乙烯钢瓶或存于贮瓶的自制乙烯）经干燥管 2 脱除水分、毛细管流量计 4 测定流速后，进入鼓泡反应器 5（事先已加入苯和催化剂）与苯进行气-液相催化反应，未反应的乙烯与部分汽化的苯蒸气从反应器出来，经回流冷凝器 7、8 冷凝下来的苯，自气液分离器 9 返回反应器，未凝气则导入尾气贮瓶 11。

（4）烷基化液蒸馏装置　用于分离烷基化液。烷基化液含苯、乙苯、多乙基苯，根据液体体积及各组分的沸点自行设计该蒸馏装置。

3. 药品

无水氯化铝、苯、乙苯、浓盐酸、无水氯化钙，以上均为化学纯；

乙烯（购买或自制[①]），5%氢氧化钠溶液（自配）。

五、实验步骤

（一）催化剂制备

用无水氯化铝作催化剂的烷基化反应中，常将氯化铝制成一种深红色的三元络合物——红油，其密度大于烷基化液。

1. 催化剂配方

无水氯化铝	20g	乙苯	45g
苯	60g	浓盐酸	2～10 滴

2. 催化剂制备条件

温度　60℃

压力　常压

时间　1～1.5h

3. 催化剂制备过程

（1）按图 3-2 安装制备催化剂的实验装置。

（2）快速称量无水氯化铝[②] 20g，直接加到三口烧瓶的底部，若有少量氯化铝粘到瓶口或瓶壁时，用已计量的苯或乙苯冲洗至瓶底。投料完毕，经检查合格后，即可搅拌升温。注意升温速度不宜太快，待升至 60℃时，保温反应 1～1.5h，反应完毕。

（3）将制得的催化剂液体冷至室温，倾入分液漏斗中，静置分层，分出下层红油（催化剂）至干燥洁净的锥形瓶中，盖上胶塞，称量后备用。上层液体倒入回收瓶中。

（二）安装苯烷基化制乙苯装置

1. 标定毛细管流量计的流量与压差的关系

（1）按图 3-3 装好装置，湿式流量计应放置水平，然后从进水漏斗注水，至溢流管有水溢出为止。

（2）开启真空泵[③]，调节系统真空度，可改变通过毛细管流量计的空气量，由此可确定通过毛细管的气体流量与压差（毛细管流量计两侧的液位差）的关系。

（3）在流量 0.05～0.8L/min 之间找十几个数据，其中在 0.15～0.4L/min 范围，适当多选几个数据；并记录测量时的环境温度与压力，将测量流量换算成标准状况下的流量。

环境温度________℃，大气压力________atm

流量计压差/mmH_2O		
流量 L/min	测量条件下	
	标准状况下	

(4) 以流量为横坐标，以压差的平方根（或压差）为纵坐标，绘出流量与压差关系图。

(5) 标定完毕，关闭真空泵，并将湿式流量计中水放净。

2. 标定尾气贮瓶的体积

3. 安装流程

将鼓泡反应器洗净、干燥，绕电阻丝，电阻丝圈距 10mm。

按图 3-4 安装苯烷基化制乙苯实验装置。并注意以下几点：

(1) 应保证回流畅通；

(2) 防止液态苯溶胀胶塞引起泄漏；

(3) 防止反应初期水倒吸进入反应器。

4. 试漏

向尾气贮瓶中加水，使瓶中空气压缩达 400mmH_2O 正压，停止向瓶中加水，系统压力 10min下降值小于 20mmH_2O 时，视为合格。试漏完毕，准备反应，并将尾气贮瓶灌满水。

(三) 烷基化反应

1. 加料

由鼓泡反应器体积确定需加入的苯及红油量（20～30g），将称量后的红油、苯先后依次加入反应器[4]，液面高出回流管，开冷凝水。

2. 升温

调压器转盘拨到零，接通电源，调电压至 10V，以后每 10min 升高电压 2～3V，至反应温度升到 80～85℃。

3. 反应

当反应温度升到 80℃时，开水冲泵，使流程后部产生约 200mmH_2O 负压。然后关泵前阀，关水泵。再向乙烯贮瓶加水，调节进水量控制乙烯（已分析组成）流量 0.2～0.3L/min，同时控制尾气贮瓶出水量，使压力计 10 保持 200mmH_2O 的负压。

4. 结束反应

按乙烯与苯的摩尔比为 0.5：1 左右，计算需通入的乙烯量，待反应终了时，关乙烯贮瓶进水，停止通乙烯。将乙烯贮瓶加水调到压力为 0mmHg，记录剩余乙烯量；同时关尾气贮瓶出水，加水调至压力为 0mmHg，记录尾气瓶中尾气量。

反应完毕后，逐渐调低电压，切断电源。尾气贮瓶加水，调至 100mmH_2O，用球胆取尾气，用气体分析仪[5]分析尾气中乙烯含量。

(四) 烷基化反应液的分离与分析

1. 洗涤

把反应器中的混合液倾入分液漏斗中，静置分层。下层催化剂（红油）称量后倒入专用回收瓶；上层烷基化液用等量水洗去 $AlCl_3$，洗涤时要经常打开分液漏斗的旋塞，放出生成的 HCl 气体。水洗后再用 5%NaOH 洗涤一次，洗涤后烷基化液倒入锥形瓶中，用无水氯化钙干燥，静置。

2. 蒸馏

(1) 安装蒸馏装置，检查合格后，升温蒸馏已干燥过的烷基化液。

(2) 用三个洗净、干燥且已称量的锥形瓶，分别收集苯、乙苯馏分及残液（主要为二乙苯），并分别称重。(沸程：苯馏分 79～85℃；乙苯馏分 85～139℃)

3. 分析苯馏分、乙苯馏分的组成⑥

用阿贝折光仪测定苯馏分、乙苯馏分的折射率，与苯-乙苯标准混合液的折射率对照，确定各馏分中苯、乙苯的含量。

六、数据处理与讨论

(1) 由实验数据计算乙烯与苯的摩尔比，乙烯及苯的转化率，乙苯的选择性及收率。

(2) 根据计算所得的转化率、选择性及收率，找出其影响因素。

(3) 鼓泡反应器结构对乙苯收率有无影响？若有，提出改进方法。

七、注释

① 乙烯可由“实验一”制得后集于贮瓶中待用。也可采用有机化学实验介绍的方法，要点如下：

• 在500mL三口烧瓶中加入100mL纯乙醇，三口烧瓶上安装有液封的搅拌器，在搅拌下缓缓加入250mL浓硫酸（ρ=1.84g/mL）。

• 拆去搅拌器，放入几颗沸石，安装出气管，插入温度计。将三口烧瓶置于可调电炉（或电热套）上，出气管后接装有碱石灰的干燥器和乙烯贮气瓶。

• 加热到170℃左右，用排水取气法收集产生的乙烯。

② 无水氯化铝极易吸水，称量后，要速将药瓶盖好，并用蜡封口。催化剂制备与烷基化反应过程均为无水操作，应确保相关仪器的干燥。

③ 开关真空泵之前，要先缓慢接通大气。

④ 可在反应器内投入少量干燥、洁净的瓷环，以增大气液接触面积。

⑤ 气体分析仪采用酸性硫酸汞溶液来吸收乙烯。

⑥ 苯馏分、乙苯馏分的组成也可由气相色谱测定。

实验四　反应精馏法制醋酸乙酯

反应精馏法是集反应与分离为一体的特殊精馏技术，该技术既能利用精馏的分离作用塔顶或塔釜移出某一产物，提高可逆反应的平衡转化率，抑制串联副反应的发生，又能利用放热反应的热效应，降低精馏的能耗。因此，反应精馏技术在酯化、醚化、酯交换、水解等化工生产中得到越来越广泛的应用。

一、目的与要求

(1) 了解反应精馏与普通精馏的区别。

(2) 熟悉反应精馏装置的操作控制技术。

(3) 能进行全塔物料衡算和塔操作的过程分析。

(4) 学会分析塔内物料的组成。

二、实验原理

本实验采用反应精馏的方法，由乙醇和醋酸反应制备醋酸乙酯。反应方程式如下：

$$CH_3COOH+C_2H_5OH \rightleftharpoons CH_3COOC_2H_5+H_2O$$

该反应是在酸催化条件下进行的可逆反应，受平衡转化率的限制，若采用传统的先反应后分离的方法，会有较多的未反应的原料随产物进入后续分离设备，给分离造成困难，且原料中醋酸对设备腐蚀较严重，增加分离设备的投资。而采用反应精馏的方法可有效地克服平衡转化率这一热力学障碍，因为在反应精馏塔内生成的醋酸乙酯的沸点比反应物均低，且与水形成最低恒沸物，利用精馏的方法可将其连续地从系统中分离出去（塔顶蒸出），这就使得平衡向生成产物的方向移动，大幅度提高反应的平衡转化率。若控制原料的比例，可使某组分接近全部转化。

实验的进料方式有两种：一种是直接从塔釜进料；另一种是在塔的某处进料。前者有间歇式和连续式操作，后者只有连续式。本实验采用后一种进料方式，即在塔上部某处加带有硫酸催化剂的醋酸，塔下部某处加乙醇。在釜沸腾状态下，塔内轻组分（乙醇）逐渐向上移动，重组分（醋酸）逐渐下移，在不同的填料层高度，相接触的乙醇与醋酸在酸催化下反应生成酯和水。由于醋酸在气相中有缔合作用，故较难从塔顶蒸出，其他三个组分可形成二元或三元共沸物，其中水-酯、水-醇共沸物沸点较低，故酯和醇能不断地从塔顶排出。

三、预习与思考

(1) 对于所有可逆反应，是不是都可采用反应精馏技术来提高平衡转化率？为什么？

(2) 反应精馏塔中，乙醇和醋酸加料位置的确定根据什么原则？为什么催化剂硫酸要与醋酸而不是乙醇一同加入？

(3) 如以产品醋酸乙酯的收率为实验指标，实验中应采集和测定哪些数据？请设计一张实验原始数据记录表。

(4) 精确原理是什么？

四、实验装置与药品

1. 实验装置

如图 3-5 所示，反应精馏塔由玻璃制成，塔径 20mm，塔高 1500mm，塔内装填 ϕ3mm×3mm 不锈钢 θ 网环型填料（316L），塔釜为 500mL 的四口烧瓶，置于 500W 的电热包中，塔外壁镀有金属膜，通电流使塔身加热保温，塔顶采用电磁摆针式回流比控制装置，塔釜温度由 XCT-191、ZK-50 可控硅电压控制器控制。

全塔自上而下可分为：精馏段、反应段、提馏段三段。

2. 实验药品

醋酸、乙醇、浓硫酸，均为化学纯或工业品。

五、实验步骤

1. 操作准备

(1) 配制含 0.3%硫酸的醋酸液。

(2) 在塔内加入 200g 摩尔比约为 1∶1.3 的醋酸和乙醇的混合液，并分析其组成。

(3) 检查塔系统进出料管线上阀门的开闭状态是否正常，无误后将醋酸（含 0.3%硫酸）、乙醇注入计量泵内，开动泵微调使液体充满管路各处后停泵。

2. 实验操作

(1) 先开启冷却水系统，再开启釜加热系统。温度先要逐步增加，升温不宜过猛。当釜液沸腾时，开启塔身保温电源，调节保温电流（注意：不能过大），当塔头有冷凝液时，全回流操作约 10～15min。

(2) 按选定的实验条件，开始进料。一般可把回流比控制器拨到 3∶1，酸醇摩尔比定在 1∶1.3，乙醇进料速度为 0.5mol/h。进料后仔细观察并记录塔内各点的温度变化，测定并记录塔顶与塔釜的出料速度，调节出料量，使系统物料平衡。

(3) 待塔顶温度稳定后，每隔 30min 取一次塔顶、塔釜样品，分析其组成。共取样

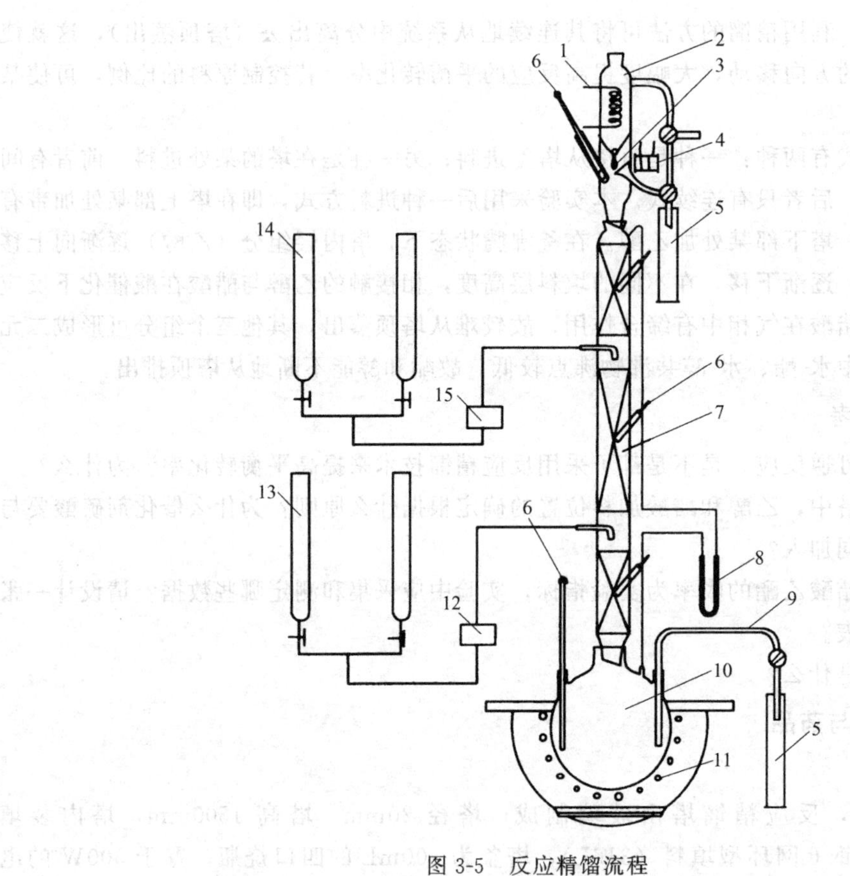

图 3-5　反应精馏流程

1—冷却水；2—电磁摆针式塔头；3—摆锤；4—电磁铁；5—收集量筒；6—温度计；
7—填料；8—压差计；9—出料管；10—反应精馏釜；11—电热包；12—乙醇加料泵；
13—乙醇计量管；14—醋酸及催化剂计量管；15—醋酸及催化剂加料泵

3～4次，取平均值作为实验数据。如时间允许，可改变回流比或改变加料摩尔比，重复操作，取样分析，并进行对比。

(4) 实验完成后，切断进出料，停止加热，让填料层残存液体全部流至塔釜，关闭冷却水，取出釜液称重，并分析组成。

六、结果与讨论

(1) 根据列出的实验原始数据记录表，计算醋酸乙酯的收率和醋酸的转化率。计算公式如下：

$$转化率=\frac{(醋酸加料量^{①}+原釜内醋酸量)-(馏出物中醋酸量+釜液中醋酸量)}{醋酸加料量+原釜内醋酸量}\times 100\%$$

$$收率=\frac{(馏出液中醋酸乙酯质量+釜液中醋酸乙酯质量)/醋酸乙酯的摩尔质量}{(醋酸加料质量+原釜内醋酸质量)/醋酸的摩尔质量}\times 100\%$$

(2) 绘制全塔温度分布图，判断全塔浓度变化趋势。

(3) 根据塔顶产品纯度和回流比的关系，讨论反应精馏与普通精馏的区别。

七、注释

① 指进料醋酸中的纯醋酸量。

实验五　超滤膜浓缩聚乙烯醇水溶液

膜分离是以合成或天然膜材料作为分离介质，来分离混合气体或溶液的过程，近几十年来发展非常迅速。与传统分离技术相比，膜分离具有无相变化、能耗低、操作简单、无污染等优点，广泛应用于海水淡化、饮料浓缩、抗生素提炼、电子工业的超纯水制备、工业废水处理等。超滤是膜分离技术的一个重要分支，通过本实验，对了解和熟悉膜分离技术具有重要意义。

一、目的与要求

（1）了解液相膜分离技术的特点。

（2）熟悉超滤膜分离的工艺过程。

（3）练习超滤膜分离的实验操作技术。

二、实验原理

超滤是以压力差为推动力的液相膜分离过程，其分离理论一般多用“筛分”理论解释。即膜表面具有无数不同孔径的微孔，这些微孔（孔径1～50nm）如同筛子一般，把那些大于孔径的溶质（相对分子质量为500～100000）或颗粒截留，从而达到分离目的。

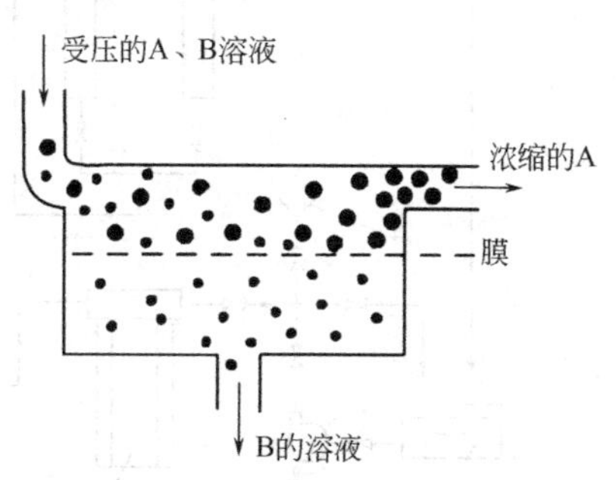

图 3-6　超过滤器工作原理示意图

最简单的超滤器工作原理（见图 3-6）如下：在一定压力作用下，当含有高分子溶质 A 和低分子溶质 B 的混合溶液流过膜表面时，溶剂和小于膜孔的低分子溶质（如无机盐）透过膜，成为渗透液被搜集；大于膜孔的高分子溶质（如有机胶体）则被膜截留而作为浓缩液被回收。需要指出的是，膜孔径在分离过程中不是唯一决定因素，膜表面的化学性质也很重要。

三、预习与思考

（1）叙述超滤膜分离的机理。

（2）超滤组件长期不用时，为何需加保护液？

（3）启动泵之前，为何先灌泵？

（4）实验中如果操作压力过高或流量过大，会有什么结果？

（5）查阅相关资料①，回答什么是浓差极化？浓差极化有什么危害？如何减轻浓差极化？

四、实验装置、流程及药品

（1）主要设备　中空纤维超滤组件，如图 3-7 所示。

（2）实验流程　如图 3-8 所示。

本实验利用超滤器将料液——聚乙烯醇水溶液（PVA）浓缩。料液由给料泵 2 输送，经过滤器 3，从下部进入膜组件。将料液一分为二：一为透过液即透过膜的稀溶液，该部分液体由转子流量计 9 计量后入贮罐 10；二为浓缩液即未透过膜的 PVA 溶液（浓度高于料液），浓缩液经转子流量计 5 计量后回料液贮槽 1。流程中，漏斗 4 为给料泵 2 加液用；漏斗 8 为膜组件加保护液（5%甲醛溶液）用；贮罐 6 为放出保护液的接收容器；过滤器 3 为

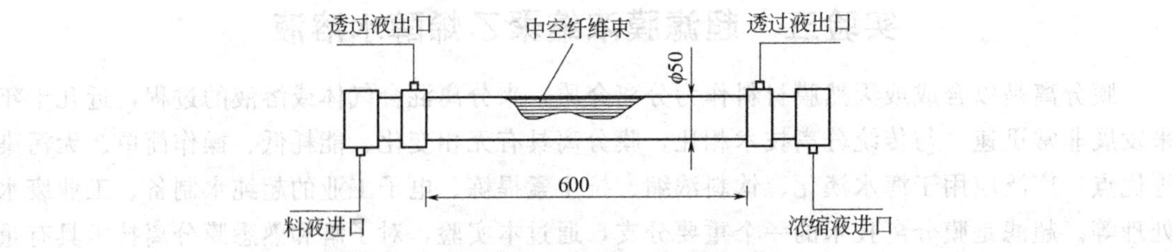

图 3-7　中空纤维超滤器示意图

（组件型号：TF-003 型；主要参数：截留相对分子质量 6000；

膜面积：$2m^2$；适宜流量：24～36L/h）

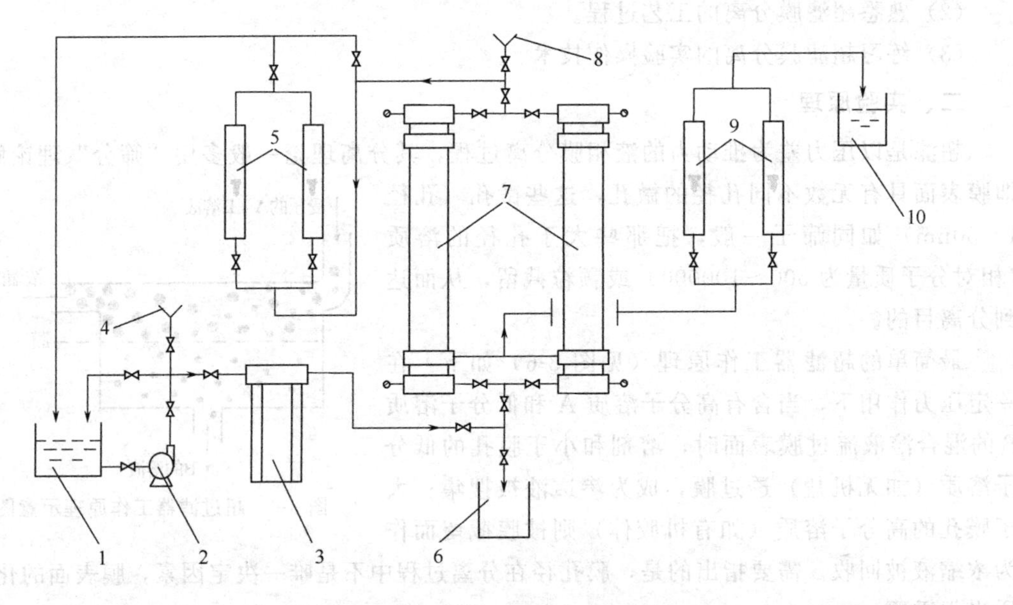

图 3-8　超过滤膜分离实验流程图

1—料液贮槽；2—给料泵；3—过滤器；4，8—漏斗；5，9—转子流量计；

6—保护液贮罐；7—超滤组件；10—透过液贮罐

聚丙烯酰胺蜂房式过滤器，作用是拦截料液中的不溶性杂质，以保护膜不被阻塞。

（3）主要仪器　722 型分光光度计，用于测定 PVA 的浓度。

五、实验方法与步骤

1. 实验方法

将预先配制的 PVA 料液在 0.04MPa 压力和室温下，进行不同流量的超过滤实验。在一定流量下稳定操作 30min 后，取样品分析。取样方法：从料液贮槽 1 中用移液管取 5mL 浓缩液入 50mL 容量瓶中，与此同时，在透过液出口端用 100mL 烧杯接取透过液约 50mL，然后用移液管从烧杯中取 10mL 放入另一容量瓶中。利用 722 型分光光度计测定两容量瓶中 PVA 的浓度。烧杯中剩余透过液和贮罐 10 中透过液全部倾入贮槽 1 中，混合均匀，然后进行下一个流量下的实验。

2. 操作步骤

（1）722 型分光光度计通电预热 20min 以上。

（2）放出超滤组件中的保护液。保护液的作用是在不工作期间，为防止中空纤维膜被微生物侵蚀而损伤。在实验前，须将保护液放净。

（3）清洗超滤组件。为洗去残余的保护液，用自来水清洗2～3次，然后放净清洗液。

（4）检查系统阀门开闭状态。使系统各部位的阀门处于正常运转状态。

（5）将配制好的PVA料液加入料液槽中计量，记录PVA的体积。用移液管取5mL料液放入容量瓶（50mL）中，以测定原料液的初始浓度。

（6）泵内注液。启动泵之前，须向泵内注满原料液。

（7）启动泵2，稳定运转20～30min后，按“实验方法”进行实验，并做好记录。数据取足后即可停泵。

（8）清洗超滤组件。待超滤组件中的PVA溶液放净之后，用自来水代替原料液，在较大流量下运转20min左右，清洗组件中的残余PVA溶液。

（9）加保护液。如果10h以上不使用超滤组件，须加入保护液至组件的1/2～1/3高度，随后密闭系统，避免保护液损失。

（10）将722型分光光度计清洗干净，放在指定位置，关闭分光光度计的电源。

六、数据处理

1. 按下表记录实验条件和数据

压力（表压）：________MPa，温度：________℃，日期：________

实验序号	起止时间	浓度/(mg/L)			流量/(L/h)	
		原料液	浓缩液	透过液	浓缩液	透过液

2. 数据处理

（1）PVA的截留率

$$R=\frac{\text{原料液初始浓度}-\text{透过液浓度}}{\text{原料液初始浓度}}\times 100\%$$

（2）透过液通量

$$J=\frac{\text{透过液体积}}{\text{实验时间}\times\text{膜面积}}$$

（3）PVA的回收率

$$Y=\frac{\text{浓缩液中 PVA 量}}{\text{原料液中 PVA 量}}\times 100\%$$

（4）在坐标纸上绘制R-流量、J-流量及Y-流量的关系曲线。

七、注释

① 可参考《膜分离技术》及《分离过程及设备》等。

第四章　精细化工与高分子合成工艺实训

实验六　涂料——聚醋酸乙烯酯乳胶漆的制备

涂料是一种应用广泛而为人们熟知的产品，品种繁多，它一般由成膜物质、溶剂、颜填料和其他助剂组成。成膜物质是天然树脂（油基）或合成树脂，对涂膜的性能起关键的作用。溶剂的作用是稀释涂料中的不挥发成分，在成膜固化过程中挥发使形成结构致密的涂膜。

以合成树脂代替油脂，以水代替有机溶剂，节省资源、低污染、高性能是涂料工业发展的方向。水性漆包括水溶性漆和水乳胶漆两种。前者的树脂溶于水成为均一的胶体溶液，后者的树脂以微细的粒子分散在水中。乳胶漆具有安全无毒、施工方便、干燥快、通气性好等优点，广泛用于建筑物内外涂层、金属表面涂装等。其中醋酸乙烯乳胶漆的用量最大。

一、目的与要求

（1）了解涂料的制备过程及施工性能。

（2）了解乳液聚合原理、各组分的作用及乳液聚合的特点。

（3）掌握醋酸乙烯酯乳液聚合的实验操作技术。

二、实验原理

醋酸乙烯酯①（$CH_3COOCH=CH_2$）在光或过氧化物引发剂的引发下发生自由基聚合，得到聚醋酸乙烯酯。醋酸乙烯酯的聚合方法很多，根据产品用途有所选择②。如作涂料或黏合剂，则采用乳液聚合，如要进一步醇解制备聚乙烯醇，则采用溶液聚合。

本实验采用乳液聚合的方法，得到聚醋酸乙烯酯乳液，再经复配制得聚醋酸乙烯酯乳胶漆。乳液聚合是由单体、乳化剂、分散介质在机械搅拌或振动下形成乳状液而进行的聚合方法。

自由基聚合的机理在理论课程里有详细的介绍，本文不再重复，仅简要介绍乳液聚合的机理。

乳液聚合时，乳化剂分子存在于水相介质中，乳化剂分子一端是亲水性基团，能和水互溶，另一端是憎水性基团，能和单体互溶。乳化剂分子在水相介质中当达到一定浓度时以“分子分散”状态和“胶束”形式存在。“胶束”是乳化剂分子的聚集体，呈球形或棒状。大部分单体经机械搅拌分散成细小的单体液滴，单体液滴的表面吸附着乳化剂分子，形成一层保护膜，防止单体液滴的聚集合并。少量的单体以“分子分散”状态于水相中或扩散进入到“胶束”中和憎水基互溶形成“增溶胶束”。水溶性的引发剂全部以“分子分散”状态分散于水相中，并在水相中分解成初级自由基。初级自由基在水相中引发水相中的单体形成活性链或扩散进入“增溶胶束”和“胶束”中进行聚合反应而形成“乳胶粒”。同时单体液滴中的单体不断通过水相扩散到“乳胶粒”内以满足聚合反应链增长的需要，最后得到“聚合物乳胶粒”，其周围被乳化剂分子保护形成稳定的乳液。

醋酸乙烯的乳液聚合机理与一般乳液聚合机理相同。本实验采用过硫酸钾为引发剂③，聚乙烯醇和OP-10为乳化剂。为使反应平稳进行，单体和引发剂分期分批加入，且控制加入速度。

聚合反应式为

$$n\mathrm{CH_2{=}CH(OCOCH_3)} \xrightarrow{\text{过硫酸钾}} \mathrm{\{CH_2{-}CH(OCOCH_3)\}_n}$$

合成乳液中加入颜料、体质颜料（填料）以及分散剂、增塑剂、湿润剂等辅助材料，经过研磨成为乳胶漆。采用金红石型钛白粉制得的乳胶漆遮盖力强，耐洗刷性好，可用于要求较高的室内墙面涂装以及外用平光漆使用。

三、预习与思考

(1) 查阅有关资料，了解2～3种涂料的组成及其应用，并列举和比较几种典型的生产工艺。

(2) 叙述乳液聚合的机理，分析本实验的聚合体系；说明实验中为什么用两种乳化剂。

(3) 聚合过程中，单体和引发剂为什么要分批加入，而且速度要缓慢？否则会怎样？

(4) 乳液聚合结束后，加入碳酸氢钠和邻苯二甲酸二丁酯的作用各是什么？

(5) 本实验中，选择几组不同量的引发剂进行对比实验，其目的是什么？自由基聚合中，影响聚合速率和聚合物分子量大小的因素有哪些？引发剂的作用有哪些？其用量对产物有什么影响？

(6) 涂料复配过程中，加入各种助剂的作用各是什么？

四、实验装置与药品

1. 实验装置

自己安装一套常压分馏装置与一套聚合反应装置。

装置1：装有30～50cm分馏柱的常压分馏装置，用于醋酸乙烯的精制。

装置2：装有搅拌器、温度计、回流冷凝器、滴液漏斗、500mL三口烧瓶的聚合反应装置，用于醋酸乙烯酯的乳液聚合，如图4-1所示。

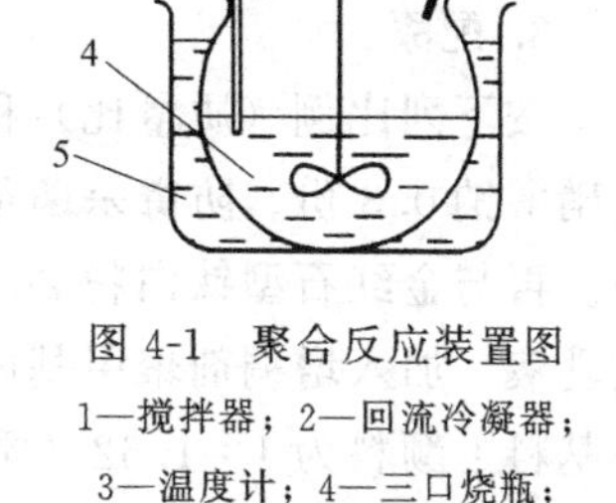

图4-1 聚合反应装置图

1—搅拌器；2—回流冷凝器；3—温度计；4—三口烧瓶；5—水浴锅

2. 实验药品

用于聚合：醋酸乙烯酯、过硫酸钾、聚乙烯醇、邻苯二甲酸二丁酯、碳酸氢钠、OP-10，以上药品为化学纯。

用于复配：六偏磷酸钠、亚硝酸钠、醋酸苯汞、羧甲基纤维素、钛白粉、滑石粉、聚甲基丙烯酸钠，以上药品为化学纯或工业级。

五、实验步骤及方法

1. 单体的精制

取300mL的醋酸乙烯酯于分液漏斗中，用10%的碳酸钠溶液洗涤数次，直到溶液呈弱碱性为止，再用蒸馏水洗至中性。加无水硫酸钠干燥过夜，倾至500mL的圆底烧瓶中，于已安装的装置1中进行常压分馏，收集72～73℃的馏分，即为纯的醋酸乙烯酯，称量。测折射率（$n_{\mathrm{D}}^{20}=1.3950$）。

2. 聚醋酸乙烯乳液的制备

(1) 聚乙烯醇溶液的配制　在安装好的装置 2 的反应瓶中加入 5g 聚乙烯醇（聚合度约 1500，醇解度 88%～90%）、92mL 蒸馏水，开动搅拌，水浴加热至 80℃，待全部溶解后停止，待用。

(2) 过硫酸钾水溶液的配制　分别称取 0.15g、0.25g、0.35g 三份过硫酸钾，均用蒸馏水配成 10%的溶液，依以下步骤操作，制备不同的聚醋酸乙烯乳液，并注意对比实验现象与结果。

(3) 聚合

① 称取醋酸乙烯酯单体 92g，约 99mL。

② 在已溶解的聚乙烯醇溶液中，加入 1g 表面活性剂 OP-10，边搅拌边降温至 60℃。

③ 向上述乳液中加入 20mL 醋酸乙烯酯单体（余下部分倒入滴液漏斗中）、加入 1/4 的过硫酸钾溶液。通氮气置换空气，保持温度在 60～65℃反应（回流）。

④ 待温度升至 80～83℃时回流逐渐减少，开始滴加剩下的单体，滴加速度控制在每小时 9g（约 5～6 滴/min)，同时加入 1/4 的过硫酸钾溶液，保持反应温度在 78～82℃。

⑤ 当单体滴加完后，将剩下的 10%的过硫酸钾溶液一次加入，待反应温度升至 90～95℃，保温 30min，停止反应。

⑥ 乳液冷却至 50℃，先加入 3mL 10%的碳酸氢钠水溶液，再加入 10g 邻苯二甲酸二丁酯，搅拌均匀，冷却即可出料，称量。

(4) 产品含固量测定　将三个干净的称量瓶准确称量后，分别加入 1～1.5g 产物，再准确称量后，放入烘箱，在 110℃的条件下烘 25h，取出置干燥器中冷却，再称量，按下式计算含固量。

$$含固量=\frac{干燥后样品质量}{干燥前样品质量}\times 100\%$$

3. 配漆

按下列比例（质量比）称取并配制好各种添加剂：分散剂六偏磷酸钠 0.15 份、防锈剂亚硝酸钠 0.3 份、防霉杀菌剂醋酸苯汞 0.1 份、增稠剂羧甲基纤维素 0.1 份溶于 23.3 份水中。再与金红石型钛白粉 26 份、滑石粉 8 份研磨分散。搅拌下加入 42 份上述的聚醋酸乙烯酯乳液，加入增稠剂聚甲基丙烯酸钠 0.08 份，搅拌均匀，即得聚醋酸乙烯酯乳胶漆。涂料中基料：颜料为 1∶1.62（质量比）。

4. 刷漆

用小号毛刷，将制得的乳胶漆分别涂刷于建筑物内、外墙壁和金属表面等处，待自然干燥。

六、结果与讨论

(1) 计算乳液含固量。本乳液含固量应为 50%左右。

(2) 在不同引发剂用量的三组实验中，观察到的现象、测得的含固量、涂刷效果（附着力、光洁度、遮盖力等）各有什么不同？从中确定最佳配比。

(3) 总结此实验，说明乳液聚合的优点，并比较工业生产与实验室制备乳液存在的不同点；比较工业生产涂料与实验室配制涂料的异同点。

七、注释

① 醋酸乙烯酯是有刺激性臭味的透明液体，稍有毒性，易燃易爆、易挥发易自聚，使

用时必须注意安全；操作中要严格按要求滴加，不能过快，以防爆聚。

② 醋酸乙烯酯的聚合方法很多，就乳液聚合而言，控制不同的工艺条件，如引发剂用量、聚合温度、聚合时间等，就可得到不同粒径的乳胶液。根据乳胶液的粒径及在水中分散状态不同，它们可以作为黏合剂、涂料等，有不同的用途。

③ 乳液聚合常用过硫酸盐类如 $K_2S_2O_8$、$(NH_4)_2S_2O_8$ 等作为引发剂。本实验也可用过硫酸铵代替过硫酸钾完成上述实验。

实验七　黏合剂——双酚 A 低分子量环氧树脂的制备与应用

环氧树脂是含有环氧结构的聚合物，品种很多，其中以双酚 A 型环氧树脂的应用最为普遍，它由环氧氯丙烷与双酚 A 在碱性介质中反应得到。双酚 A 型环氧树脂有低分子量、中等分子量和高分子量三种。低分子量环氧树脂主要用做黏合剂。由于其粘接性能优异，故有“万能胶”之称，可粘接各种金属和非金属材料。

一、目的与要求

(1) 通过制备双酚 A 型环氧树脂，了解该类反应的一般原理和合成树脂的基本操作。

(2) 熟悉减压蒸馏、减压过滤、萃取等操作技术。

(3) 通过粘接实验，了解一般环氧树脂黏合剂的配制方法及应用。

二、实验原理

双酚 A 型低分子量环氧树脂，学名为双酚 A 二缩水甘油醚、E 型环氧树脂，为黄色或琥珀色高黏度透明液体，软化点低于 50℃，易溶于二甲苯、甲乙酮等有机溶剂。与多元胺、有机酸酐或其他固化剂等反应变成坚硬的体型高分子化合物——具有良好的粘接性、电绝缘性及耐化学腐蚀性。

双酚 A 和环氧氯丙烷合成环氧树脂的反应，为逐步聚合反应，一般认为，它们在氢氧化钠存在的条件下，会不断地进行环氧基开环和闭环的反应。即：

$$HO—R—O—H + \underbrace{CH_2—CH}_{O}—CH_2Cl \xrightarrow{NaOH} HO—R—O—CH_2—\underset{\displaystyle O—H}{\underset{|}{CH}}—CH_2—Cl$$

$$\xrightarrow[-NaCl,\ -H_2O]{NaOH} HORO—\underbrace{CH_2CH—CH_2}_{O} \xrightarrow[NaOH]{H—O—R—OH} HORO—CH_2—\underset{\displaystyle OH}{\underset{|}{CH}}—CH_2—OR—OH$$

继续反应下去，即得长链分子，其反应通式如下：

$$(n+1)HO—R—OH+(n+2)\ \underbrace{CH_2—CH}_{O}—CH_2Cl \xrightarrow{(n+2)NaOH}$$

$$\underbrace{CH_2—CH}_{O}—CH_2 \!\left[ORO—CH_2\underset{\displaystyle OH}{\underset{|}{CH}}CH_2\right]_n\! ORO—CH_2—\underbrace{CH—CH_2}_{O} + (n+2)NaCl + (n+2)H_2O$$

$$R = —C_6H_4—\underset{\displaystyle CH_3}{\overset{\displaystyle CH_3}{\overset{|}{\underset{|}{C}}}}—C_6H_4—$$

环氧基开环反应为放热反应，而闭环反应为吸热反应。

所得环氧树脂的分子量与单体的配比密切相关，环氧氯丙烷与双酚 A 的摩尔比越接近于1，分子量越大，产物的软化点越高；而环氧氯丙烷过量越多，越有利于形成末端环氧基，得到的环氧树脂分子量就低；另外，缩聚反应的温度、碱的用量、加料次序对环氧树脂的分子量及结构也有影响。因此，根据不同的原料配比、不同的操作条件，可制成不同软化点、不同分子量的环氧树脂。

环氧树脂本身一般不能直接使用，因为它是热塑性的线型分子，平时呈液态或固态，使用时必须加入固化剂，使线型分子交联成网状结构的体型分子，成为不溶、不熔的硬化产物，黏合剂的配制即利用了此原理。

实际应用的固化剂种类很多，胺类是最常用的固化剂，现以常温下即能固化的乙二胺为例说明其交联反应。

$$H_2N—CH_2—CH_2—NH_2 + 4\,\underset{\diagdown\, O \,\diagup}{CH_2—CH}\sim\sim\sim \longrightarrow \begin{matrix} \sim\sim\sim\underset{|}{\overset{OH}{\overset{|}{CH}}}—CH_2 \\ \sim\sim\sim\overset{|}{\underset{OH}{\underset{|}{CH}}}—CH_2 \end{matrix}\!\!\!\!> N—CH_2—CH_2—N <\!\!\!\!\begin{matrix} CH_2—\overset{OH}{\overset{|}{CH}}\sim\sim\sim \\ CH_2—\underset{OH}{\underset{|}{CH}}\sim\sim\sim \end{matrix}$$

该反应主要利用线型环氧树脂两端的环氧基与胺分子上的活泼氢发生反应，使线型分子交联起来。

三、预习与思考

(1) 根据所学知识，说出黏合剂的分类，黏合剂通常由哪些成分组成？

(2) 查阅文献，找出制备双酚A型低分子量环氧树脂还有哪些方法？

(3) 本实验中所用固体氢氧化钠的量如何确定？为什么要分批加入而不一次投入？

(4) 讨论减压蒸馏的适用场合及操作中应注意的事项。

(5) 用环氧树脂粘接物质时，为什么要加入固化剂？其量如何控制？

(6) 本实验环氧氯丙烷用量大，如何回收并再利用？

四、实验装置与药品

1. 实验装置

自行安装一套反应装置和一套减压蒸馏装置。

装置1：带有温度计、搅拌器、回流冷凝管、250mL三口烧瓶的反应装置，用于合成环氧树脂。

装置2：减压蒸馏装置，用于产品的精制。

2. 实验药品

双酚A、环氧氯丙烷、固体氢氧化钠，均为化学纯。

五、实验步骤

1. 环氧树脂的合成

(1) 将22.8g双酚A、92.8g环氧氯丙烷[①]及0.5mL蒸馏水加入250mL三口烧瓶中，搅拌并加热至60℃，使双酚A溶解。

(2) 将8.4g固体氢氧化钠分成三份，分批加入三口烧瓶中。先加入1.6g氢氧化钠，控制反应温度在70℃，反应1.5h后升温至80℃，再加入2.5g氢氧化钠，保温反应30min。第三次加入固体氢氧化钠4.3g，在80℃保温30min，结束反应。

(3) 将产物液[②]冷至60℃时，加入50mL蒸馏水充分洗涤，分去水相，至有机相呈中性。

(4) 减压蒸馏[3]有机相，把过量的环氧氯丙烷及水脱去，直至液温达到150℃，真空度为2.67kPa为止，得淡黄色透明黏稠液。

2. 环氧值的测定

环氧值定义为100g树脂中所含环氧基的物质的量（mol）。分子量越高，环氧值越低，一般低分子量树脂的环氧值在0.5～0.57之间。本实验采用盐酸-丙酮法测定环氧值。反应式如下：

$$\sim\sim CH\underset{\diagdown O \diagup}{-}CH_2 + CH_3-\underset{\underset{O}{\|}}{C}-CH_3 + HCl \longrightarrow \sim\sim\underset{\underset{OH}{|}}{CH}-\underset{\underset{Cl}{|}}{CH_2} + CH_3-\underset{\underset{O}{\|}}{C}-CH_3$$

(1) 用移液管移取1.6mL浓盐酸（ρ=1.19g/mL）至100mL的容量瓶中，以丙酮稀释至刻度，配制0.2mol/L的盐酸丙酮溶液。

(2) 在锥形瓶中准确称取0.3～0.5g样品，准确吸取15mL盐酸丙酮溶液。将锥形瓶盖好，放在阴凉处（约15℃环境中）静置60min，然后加入2滴酚酞指示剂，用0.1mol/L的标准氢氧化钠溶液滴定至粉红色，作平行试验，并做空白对比。

(3) 按下式计算环氧值

$$E=\frac{(V_1-V_2)\,c_{NaOH}}{m}\times\frac{100}{1000}$$

式中　E——环氧树脂的环氧值；

V_1——对照实验消耗的氢氧化钠溶液体积，mL；

V_2——试样消耗的氢氧化钠溶液体积，mL；

c_{NaOH}——氢氧化钠的浓度，mol/L；

m——样品质量，g。

3. 黏合剂的配制和应用

(1) 按下式确定固化剂胺的用量

$$G=\frac{M}{H}\times E$$

式中　G——每100g环氧树脂所需要胺的质量，g；

M——胺的相对分子质量；

H——胺中活泼氢原子的数目；

E——环氧树脂的环氧值。

(2) 将被粘接试样（如：钢铁、玻璃、塑料、瓷片等）进行表面处理，以去除油污，并将其表面打磨，使其粗糙化，并洗净烘干。

(3) 在塑料瓶盖里放入2g环氧树脂，如用乙二胺[4]做固化剂，在上述公式计算用量的基础上，再增加5%～10%，将其与环氧树脂用玻璃棒调匀后涂于被粘接试样处，胶层必须薄而均匀（约0.1mm)，固定好，于室温下固化[5]，时间为1～4d。

六、结果与讨论

(1) 计算环氧树脂的收率。

(2) 本实验所得产品质量如何？分析原因。

七、注释

① 若环氧氯丙烷中含有1%～1.5%水分，反应体系中可不加水。

② 处理产物液得纯树脂也可采用苯-水洗涤法。

将产物液先减压蒸馏至环氧氯丙烷全部蒸出，然后冷却树脂至60～70℃，加入30mL蒸馏水和60mL苯，搅拌均匀后倒入分液漏斗，静置，分去下层水层，将有机层用60～70℃蒸馏水洗涤一次，再把分出的有机物液体进行蒸馏，利用苯-水形成共沸物的特点，将环氧树脂纯化。

③ 减压蒸馏后期，物料黏度较大且温度较高，应密切关注蒸馏烧瓶内的毛细管是否堵塞，以防发生事故。

④ 乙二胺有毒、有臭味，挥发性大，对眼睛、呼吸道及皮肤均有刺激性，固化时放出大量热，用它配制黏合剂时应在通风橱中进行。

⑤ 固化时间与固化剂用量、温度等有关，可用环氧树脂与乙二胺配制三种黏合剂，使乙二胺实际用量低于、等于、高于计算量。粘接试样，找出固化时间与固化剂用量及温度间的关系。

实验八　工程材料——聚甲基丙烯酸甲酯的制备

甲基丙烯酸甲酯（简称MMA）经本体聚合得到的聚合物——聚甲基丙烯酸甲酯，常温下是一种固状物，俗称有机玻璃。它具有透明性高、耐候性好、光学性能优良等特殊性能，常被用做光学材料、路标、广告牌、建筑材料、飞机舱盖、汽车尾灯等，在许多行业有广泛的应用。

一、目的与要求

(1) 了解本体聚合的原理和特点。

(2) 掌握有机玻璃的制备方法。

(3) 要求制得的有机玻璃透明、无气泡。

二、实验原理

甲基丙烯酸甲酯是含有不饱和双键、结构不对称的分子，易发生聚合反应，其聚合机理为自由基型聚合。反应方程式为：

$$n\,CH_2{=}\underset{COOCH_3}{\overset{CH_3}{C}} \xrightarrow{\text{引发剂}} \left[CH_2-\underset{COOCH_3}{\overset{CH_3}{C}} \right]_n + 56.5\,kJ/mol$$

它的聚合可采用本体聚合、溶液聚合、悬浮聚合及乳液聚合四种方法。本实验以生产有机玻璃为目的，故采用本体聚合法。本体聚合又称块状聚合，是在无任何介质存在时，单体经微量引发剂（也可通过加热或辐射）的引发进行聚合。这种方法的特点是工艺操作过程简单，并可直接聚合成各种规格的材料，如管、棒等，且产品纯度高。

由于本体聚合无散热介质，加之聚合反应速率快，在某一阶段（甲基丙烯酸甲酯转化率达10%～20%时）会发生自动加速现象，甚至发生爆聚。因此，要严格控制不同阶段的反应速率，否则易局部过热，使反应加速进行，造成部分单体汽化及聚合物降解，使产品出现气泡、发黄，且产品分子量不高。又由于单体与聚合物密度不同，因此聚合时发生体积收缩，产品表面出现皱纹。为避免以上现象，在操作时采取预聚合和分步聚合的方法，整个过程分制模、预聚合、灌模、脱模等步骤。

三、预习与思考

(1) 预聚合的目的是什么？

（2）该反应易发生自动加速（凝胶效应）的原因是什么？

（3）聚合前单体为什么需要精制？精制通常采用什么方法？

（4）为何在反应最后阶段提高温度？

四、实验装置与药品

1. 实验装置

（1）自行安装减压蒸馏装置一套，用于单体的精制。

（2）准备实验仪器若干：锥形瓶（50mL）、水浴锅、小试管（ϕ1.0cm×7.5cm）等，用于单体的聚合。

2. 实验药品

甲基丙烯酸甲酯、过氧化苯甲酰（BPO，分析纯）。

五、实验步骤

1. 单体的精制

安装好减压蒸馏装置，在蒸馏瓶中加入已用无水氯化钙干燥过的甲基丙烯酸甲酯，进行减压蒸馏，收集34.5℃/60mmHg或46℃/100mmHg的馏分，记录馏分的温度及压力。测精制后单体的折射率。

$$n_D^{20}=1.4138$$

2. 甲基丙烯酸甲酯的聚合

（1）预聚合　在锥形瓶内加入20mL甲基丙烯酸甲酯，再加入0.20g过氧化苯甲酰，以包锡纸软木塞塞好瓶口，摇匀后在80～90℃的水浴中进行预聚合。观察体系黏度，当其黏度类似或大于甘油黏度时，取出锥形瓶，立即放入冷水中冷却至室温。

（2）灌模　用小试管做模具，将预聚体慢慢灌入小试管中，灌注高度5～6 cm。若内有气泡，可用洁净的毛细管引出。

（3）聚合与脱模　将灌完预聚体的模具立即放入40～50℃的烘箱中硬化。硬化后放入沸水中加热1 h，使反应趋于完全，撤去试管，得一光洁透明的试管状有机玻璃柱。

六、结果与讨论

对制得的产品进行分析，若产品发黄或有气泡，找出原因。

实验九　黏合剂——聚乙烯醇缩甲醛（胶水）的制备及性能测试

聚乙烯醇及其缩醛属于热塑性胶黏剂，广泛应用在纺织、印刷、文具纸张方面，单独使用高醇解度（1799）聚乙烯醇配制的胶水，其黏合力及耐水性都比较好，但其水溶液黏度稳定性差，黏度随着存放时间而上升，流动性差。若将聚乙烯醇与甲醛缩合，控制在适宜的缩醛度，可制得具有良好水溶性的聚乙烯醇缩甲醛（胶水），因其在碱性条件下比较稳定，制备时可将pH值控制在微碱性。

一、目的与要求

（1）了解聚乙烯醇缩甲醛反应原理。

（2）掌握聚乙烯醇缩甲醛的制备方法。

（3）会聚合反应实验装置的规范安装、试漏及操作。

二、实验原理

聚乙烯醇缩甲醛是以聚乙烯醇为主要原料，在浓盐酸催化作用下，与甲醛经缩醛化反应而制成的。反应式如下：

$$\left[\underset{}{CH_2}-\underset{\underset{OH}{|}}{CH}\right]_n + HCHO \xrightarrow{H^+} \left[CH_2-\underset{\underset{O-CH_2-}{|}}{CH}-CH_2-\underset{\underset{O}{|}}{CH}\right]_m\left[CH_2-\underset{\underset{OH}{|}}{CH}\right]_{n-m} + mH_2O$$

聚乙烯醇是水溶性高聚物，用甲醛进行部分缩醛化处理，随缩醛度（已反应的羟基数占总羟基的百分数）的增加，其水溶性下降。缩醛度大小取决于催化剂用量、原料配比、反应温度、反应时间、搅拌速度等。因此反应过程中必须控制较低的缩醛度，使产物保持水溶性，如果反应过于猛烈，则会造成局部缩醛度过大，以致生成不溶性物质，影响产品质量，一般说，缩醛度低于 50%时均可溶于水，可配制水溶性黏合剂；缩醛度超过 50%时，不溶于水而溶于有机溶剂。低缩醛度的聚乙烯醇缩甲醛（107 胶）可掺入水泥砂浆中，以增进黏附力。

三、预习与思考

(1) 试讨论缩醛反应的机理及催化剂作用。

(2) 为何缩醛度增加，体系水溶性下降？当达到一定的缩醛度之后产物完全不溶于水？

(3) 产物 pH 值为什么要调到 8～9？试讨论缩醛对酸和碱的稳定性。

(4) PVA 进行缩醛化的目的是什么？

(5) 聚乙烯醇（1799），1799 的含义是什么？

(6) 聚乙烯醇缩甲醛的应用有哪些？

(7) 如何规范配制氢氧化钠溶液？

四、实验装置及药品

1. 实验装置

自行安装一套反应装置，其中三口瓶（250mL）1 个，球形冷凝器 1 个，酒精温度计（0～100℃）1 支，电动搅拌器一套，滴液漏斗（100mL）1 个，烧杯、量筒等。

2. 主要实验药品

聚乙烯醇（1799）固体，甲醛（38%，工业），盐酸（37%），氢氧化钠（10%，自制），去离子水。

五、实验步骤及方法

(1) 称取 15g 聚乙烯醇加入 250mL 的三口瓶中，加入 150mL 蒸馏水，开始搅拌升温至 90℃左右，使聚乙烯醇完全溶解，然后降温至 80℃。

(2) 滴加 4mL 甲醛①溶液，搅拌② 15min。

(3) 在 75～80℃③下，滴加 1.5mL 盐酸，保温 30～40min。

(4) 当反应体系变黏稠（絮状物产生）后，移走热源。

(5) 再用 NaOH（7mL 左右）调节溶液 pH 值④至 8～9，得无色透明的黏稠液体，即胶水。

六、性能测试

1. 测试制品的黏度、pH 值、黏结力

用旋转黏度计或涂-4 黏度计测定黏度并与标准样品比较。

2. 对胶水质量的检验

主要是测定其黏度和缩醛度，但由于测定缩醛度的操作麻烦且费时，因而常借测定胶水中的游离甲醛量来了解缩醛反应完成的情况以及在该反应条件下缩醛度的大小。通常游离甲醛量少，表明缩醛度高，反之表明缩醛度低。

游离甲醛量的测定方法是：将所合成的胶水倒入称量瓶中，称取 5g 胶水，置于 250mL 具塞锥形瓶中，加入 30mL 0.5mol/L Na_2SO_3 溶液，迅速摇匀（约数秒钟），并加入 3 滴 0.5%玫红酸指示剂，立即用 0.2mol/L 的标准 HCl 溶液滴定至溶液由红色变为无色。再用 250mL 具塞锥形瓶进行空白实验（不加胶水，其余同）。按照下面的公式计算游离甲醛量（%）。

$$\text{HCHO 含量}=\frac{(V-V_0)c_{\text{HCl}}\times 30.03}{1000W}\times 100\%$$

式中 V——滴定胶水消耗的标准 HCl 溶液的体积，mL；

V_0——空白滴定（不加胶水）消耗的标准 HCl 溶液的体积，mL；

W——胶水的质量，5g；

30.03——甲醛的相对分子质量。

玫红酸指示剂的配制方法：称取 0.5g 玫红酸，溶于 50mL 乙醇中，然后用去离子水稀释至 100mL，混匀。

七、结果与讨论

(1) 产品质量指标　外观为微黄色半透明黏液，pH 值 7～8，固体含量（6%～8%），游离醛（≤0.3%）。

(2) 若产品发黄或不溶物过多，分析原因。

八、注释

① 滴加甲醛要慢，催化剂盐酸可分批加入（不可过多），否则不易调 pH 值。

② 反应温度要严格控制，过高易发黄，过低反应时间长。

③ 维持适当搅拌速度，太慢搅拌不好、局部缩醛度大、产生不溶物，太快则导致仪器剧烈振动，易引发事故。

④ 胶水在碱性条件下稳定。因缩醛化反应在酸性条件下是可逆反应，为避免反应逆向进行，故控制酸度。

实验十　工程塑料——苯乙烯悬浮聚合制备聚苯乙烯

一、目的与要求

(1) 了解悬浮聚合反应原理、特点及各组分的作用。

(2) 掌握基本的实验操作技能和特点。

(3) 会计算珠状聚苯乙烯产品的产率。

(4) 了解控制粒径的成珠条件及不同类型悬浮剂的分散机理、搅拌速度、搅拌器形状对悬浮聚合物粒径等的影响，并观察单体在聚合过程中之演变。

二、实验原理

苯乙烯是一种较活泼的单体，易起氧化和聚合反应，贮存时，应加阻聚剂，但其自由基并非很活泼，因此在聚合反应中副反应较少，且不易产生酯化或歧化，多为双基偶合终止。聚合反应方程式如下：

$$\text{C}_6\text{H}_5\text{-CH=CH}_2 \longrightarrow \text{+CH(C}_6\text{H}_5\text{)-CH}_2\text{+}_n$$

本实验在搅拌条件下，将单体悬浮于含有悬浮剂的水中进行的，体系分为两相，即单体和水相，水作为交换介质吸收大量聚合热，保证反应匀速进行，水相中悬浮剂的作用是增加油珠的表面张力，可使液滴成球形，而搅拌的作用是防止聚合物互相黏结成块，因此，搅拌和悬浮剂在悬浮聚合中是两个重要因素，如不加悬浮剂，则在转化率很低时就能互相黏结成块，而使反应无法进行下去，当液滴转变成固体粒子后就没有结块的危险，当转化率达到20%～70%时液滴进入发黏阶段，此时，不能停止搅拌，否则仍会黏结成块。在反应过程中搅拌速度不可太快，速度越快树脂颗粒越细；但也不能过低，过低粒子就会互相黏结在一起成饼状，介质水量少也易黏结成饼状或粒子变粗，水多则粒子变细。

三、预习与思考

(1) 什么是悬浮聚合？本反应体系中各组分的作用是什么？

(2) 影响聚合物颗粒均匀度的因素是什么？采用什么方法来保证聚合物颗粒的均匀度？

(3) 试分析分散剂的作用是什么？

(4) 聚合过程中油状单体变成黏稠状最后变成硬的粒子，该现象如何解释？

四、实验装置与药品

1. 实验装置

自行安装一套反应装置，其中三口瓶（250mL）1个，球形冷凝器1个，酒精温度计（0～100℃）1支，电动搅拌器一套，滴液漏斗（100mL）1个，布氏漏斗、吸滤瓶、水冲泵、水浴锅、量筒等。

2. 主要实验药品

苯乙烯20g，过氧化二苯甲酰0.4g，聚乙烯醇0.5g。以上药品用化学纯或工业级均可。

五、实验步骤及方法

1. 原料准备

(1) 单体使用已蒸发过的苯乙烯。

(2) 将聚乙烯醇放入烧杯中以100mL蒸馏水溶解（加热），或可直接投入三口瓶中加热溶解（水浴）。一般情况下升温到80℃以上聚乙烯醇才能很好的溶解。

(3) 引发剂[①]溶于称量好的单体中。

2. 操作步骤

(1) 反应在装有搅拌器、冷凝管、温度计的三口瓶中进行。将称量好的聚乙烯醇加到三口瓶内搅拌。加热水浴，使之溶解。

(2) 待聚乙烯醇溶解完毕，加入溶有引发剂的单体，瓶内温度[②]控制在85℃左右。搅拌[③]速度逐渐增大，并使其恒定，反应约2h。

(3) 然后将温度提高到90℃，再反应2h，降温，停止反应。

(4) 将生成物倒在烧杯中，用自来水洗涤几次后过滤，再用50℃的热水洗涤几次，自然干燥或放入50～60℃的烘箱中干燥。

(5) 计算产率

产率=(所得聚苯乙烯重量/单体重量)×100%

六、结果与讨论

(1) 造成聚合过程中发生结块的原因是什么？如何防止？

(2) 悬浮聚合成败的关键何在？

(3) 根据实验的体会，说明实验应注意哪些问题。

七、注释

① 若单体不精制，可在聚合时加倍引发剂用量。

② 保持温度在 (85±1)℃阶段是实验成败的关键阶段，此时聚合热逐渐放出，油滴开始变黏易发生粘连，需密切注意温度和转速的变化；聚合过程中若停电，应及时降温终止反应并倾出反应物，以免造成仪器报废。

③ 反应时搅拌要快且均匀，使单体能良好分散。

实验十一　增塑剂——邻苯二甲酸二丁酯（DBP）的制备

一、目的与要求

(1) 会正确处理可逆反应，并制备邻苯二甲酸二丁酯。

(2) 会使用分水器进行脱水促使可逆反应向右进行，以提高产品收率。

(3) 掌握产品分析方法。

二、实验原理

邻苯二甲酸二丁酯（DBP）是目前应用最广泛的增塑剂之一，是一种有果香味的无色、无毒的透明液体，不溶于水，易溶于大多数有机溶剂，对于多种树脂具有很强的溶解能力，主要用于聚氯乙烯的加工，也可用作醋酸乙烯、氯丁橡胶、醇酸树脂和乙基纤维素的增塑剂，还可用于制造油漆、染料、人造革、胶黏剂、杀虫剂、印刷油墨、织物润滑剂等，用途非常广泛，需求量大。

以邻苯二甲酸酐（简称苯酐）和正丁醇为原料，以浓硫酸为催化剂酯化合成 DBP。在酯化反应中，苯酐与丁醇首先生成邻苯二甲酸单丁酯（以下简称单酸酯），此反应不需要催化剂，是放热反应，反应速率快，在 100～120℃时 20min 即可完成反应。单酸酯与丁醇继续反应脱去 1 分子水生成 DBP 其反应方程式如下：

$$C_6H_4(CO)_2O + n\text{-}C_4H_9OH \xrightarrow{H_2SO_4} C_6H_4(COOC_4H_9)(COOH)$$

$$C_6H_4(COOC_4H_9)(COOH) + n\text{-}C_4H_9OH \overset{H_2SO_4}{\rightleftharpoons} C_6H_4(COOC_4H_9)_2 + H_2O$$

可逆反应
除水是关键

该酯化反应是可逆吸热反应，反应速率很慢，需在催化剂的作用下才能完成。由此可以看出，DBP 的合成是一个连串反应，主反应因第二步是可逆吸热反应，反应速率很慢，是整个反应的速率控制步骤。

三、预习与思考

(1) 合成邻苯二甲酸二丁酯的方法、特点与原理是什么？

(2) 如何选择合成邻苯二甲酸二丁酯的工艺条件？

(3) 邻苯二甲酸二丁酯生产的原料选择、工艺条件、方法选择是否符合清洁化生产要求？

四、实验装置与试剂

1. 实验装置

自行安装如下装置。

装置1：带有回流冷凝器、搅拌器、温度计、分水器、100mL四口瓶及电热套加热的反应装置，用于酯化反应。

装置2：蒸馏装置，用于精制邻苯二甲酸二丁酯。

2. 实验主要药品

邻苯二甲酸酐、正丁醇、浓硫酸、食盐、无水硫酸钠、活性炭；均为化学纯或工业级。

五、实验步骤及方法

1. 准备过程

清洗实验仪器并烘干，然后正确选择实验仪器，搭建实验装置；配制饱和食盐水；配制5%碳酸钠溶液。

2. 合成

在搭建好的反应装置的100mL四口瓶中，加入36g正丁醇和30g苯酐，开启搅拌，滴加4mL浓硫酸，于5min内加完。然后加热，升温至回流，反应4h，从分水器不断分出生成的水。若1min内无水滴出，反应达终点。反应完毕后降温至室温。

3. 精制

A法：用5%的碳酸钠调节pH＝7～8，分离；有机层用30mL饱和食盐水洗涤2～3次，分相；有机层再用无水硫酸钠干燥，抽滤，最后在产品中加入活性炭脱色，过滤最终得纯品邻苯二甲酸二丁酯。产品称重计算产率。

B法：用5%碳酸钠调节pH＝7～8，分离出有机层。将有机层进行常压蒸馏，收集239～241℃馏分，得无色黏稠液体，纯度高达99.5%以上。称重计算收率。

4. 产品检测

产品采用GC-MS联用仪进行测定，具体条件是：色谱柱，30m×50μm毛细管柱；载气，高纯氮气；柱温，80℃，保温2min，5℃/min升温至250℃，保温10min；汽化室温度，280℃。分析反应产物中邻苯二甲酸二丁酯含量，计算收率。

六、结果与讨论

(1) 通过本方法制得的邻苯二甲酸二丁酯的纯度如何？产品收率多大？若收率低，分析原因，并制定改进措施。

(2) 本反应为可逆反应，在原料配比、操作方法上有什么特点？为什么？

实验十二 表面活性剂——十二烷基甜菜碱的制备

一、目的与要求

(1) 了解甜菜碱型两性表面活性剂的基本知识及合成方法。

(2) 掌握还原氨基化反应和季铵化反应的实验操作方法。

二、实验原理

从广义上讲，两性表面活性剂是指同时具有两种离子性质的表面活性剂。习惯上通常是指由阴离子和阳离子所组成的表面活性剂，即在憎水基一端既有阳离子（+）也有阴离子（−），是两者结合在一起的表面活性剂。大多数情况下阳离子部分由铵盐或季铵盐作为亲水基，按阴离子部分来分又可分为羧酸盐型和磺酸盐型，而目前市场出售的大都是羧酸盐型。所以由铵盐构成阳离子部分叫氨基酸型两性表面活性剂；由季铵盐构成阳离子部分叫甜菜碱型两性表面活性剂。

甜菜碱型两性表面活性剂无论在酸性、碱性和中性条件下都溶于水，即使在等电点也无沉淀，且在任何 pH 时均可使用。

本实验采用十二烷基胺在甲酸和甲醛作用下先合成 *N*,*N*-二甲基十二烷基铵，之后再与氯乙酸钠在 70～80℃反应而成。

反应式如下：

$$C_{12}H_{25}NH_2+2CH_2O+2HCOOH \longrightarrow C_{12}H_{25}N(CH_3)_2+2CO_2\uparrow+2H_2O$$

$$C_{12}H_{25}N(CH_3)_2+ClCH_2COONa \longrightarrow C_{12}H_{25}\overset{\overset{\large CH_3}{|}}{\underset{\underset{\large CH_3}{|}}{N^+}}-CH_2COO^-+NaCl$$

三、预习与思考

(1) 查阅有关资料，对各种类型的表面活性剂的性能进行对比，分析其优缺点。

(2) 两性表面活性剂有哪几类？它们在工业和日用化工方面有哪些用途？

(3) 实验过程中加入氢氧化钠的作用是什么？

(4) 了解各反应所用物料的理化性质，并说明在实验操作时应注意什么。

四、实验装置及药品

1. 实验装置

带有搅拌器、温度计、滴液漏斗、球形回流冷凝器、250mL 三口烧瓶的反应装置；分液漏斗；过滤装置。

2. 实验药品

十二烷基胺、乙醇（95%）、甲酸（85%）、甲醛（37%）、氢氧化钠、氯乙酸、无水硫酸钠，以上药品均为化学纯。

五、实验步骤及方法

1. *N*,*N*′-二甲基十二烷基胺的制备

(1) 向装有搅拌器、滴液漏斗、温度计的三口烧瓶中加入 18.5g（0.1mol）十二烷基胺和 25mL 95%乙醇，搅拌溶解。在低于 30℃下滴加 26mL 85%甲酸（0.58mol），然后升温至 40℃并在该温度下滴加 21mL（0.2mol）37%甲醛溶液。加毕，慢慢升温至回流温度，反应至无 CO_2 放出为止。

(2) 以上产物溶液自然冷却，用 10% NaOH 溶液调节反应混合物至略微碱性，加入 20mL水，将物料移入分液漏斗，分层。有机层用适量水洗涤一次，经无水硫酸钠干燥后，得浅黄色油状物，称量，约 17～18g。

2. 十二烷基甜菜碱的制备

(1) 在同上实验反应装置中，加入 7.5g (0.08mol) 氯乙酸，在冷却和搅拌下慢慢滴入由 3.5g (0.08mol) 氢氧化钠和 45mL 水配成的溶液，然后滴入以上制得的 N,N'-二甲基十二烷基胺。升温至 70～80℃搅拌反应 3h，浅黄色黏稠的十二烷基甜菜碱形成。

(2) 产物溶液冷却后，在搅拌下滴加浓盐酸，直至乳状液不再消失为止，放置过夜。有十二烷基甜菜碱盐酸盐结晶析出，抽滤。洗涤两次，每次用乙醇和水(1∶1)的混合溶液 10mL，然后干燥滤饼。

(3) 所得粗产品用乙醇∶乙醚 (2∶1) 溶液重结晶，得精制的十二烷基甜菜碱，测定其熔点和表面张力。

六、结果及讨论

(1) 计算十二烷基甜菜碱收率 (收率约 80%～84%)。

(2) 讨论：本实验所得的产品的质量与收率如何？分析原因。你的实验在哪些方面需要改进和提高，写出改进实验方案。

七、注意事项

(1) 加甲酸时最好瓶外冷却，以防胺分解。

(2) 滴加甲醛速度太快，会使物料随 CO_2 气体冲出。

(3) 由于 HCOOH 过量，形成叔胺甲酸盐，加碱的目的是使叔胺析出，其碱的用量应以叔胺析出完全为度。

(4) $ClCH_2COOH$ 腐蚀性强，皮肤沾上后，会十分刺痛，使用时应戴上橡胶手套，$ClCH_2COOH$ 极易潮解，取用后容器注意密封。

(5) 应根据具体情况调整季铵生成过程中各种原料的用量。

第五章　制药技术专业群实训
（包括化学制药技术、生化制药技术专业）

第一节　医药中间体制备技术

实验十三　对氯苯甲酰苯甲酸的制备

对氯苯甲酰苯甲酸是利尿药氯噻酮（chlortalidone）的中间体，通过傅-克酰化反应制得。在医药及化工生产中，傅-克反应是一类应用广泛的基础反应。而且由苯酐与芳烃类进行傅-克酰化反应，产物经浓硫酸或多聚磷酸催化环合，也是制备蒽醌类化合物的重要途径。所以，通过本实验，对于掌握实验室基本操作技术、产品制备技术以及产品开发都具有重要的意义。

一、目的与要求

（1）熟悉傅-克反应的操作技术及原理。

（2）掌握从产物混合液中分离产品的方法及熔点测定方法。

（3）掌握实验室中腐蚀性气体（如 $HCl\uparrow$，$SO_2\uparrow$）的吸收方法。

二、实验原理

在无水氯化铝的催化下，氯苯与邻苯二甲酸酐作用，发生傅-克酰化反应，生成对氯苯甲酰苯甲酸。但生成物的羰基上仍络合着氯化铝（这也是傅-克反应的突出特点），产物需经水或稀酸处理，溶解铝盐，再经提取得到产品。

反应式如下：

$$C_6H_4(CO)_2O + C_6H_5Cl \xrightarrow{AlCl_3} Cl\text{-}C_6H_4\text{-}CO\text{-}C_6H_4\text{-}COOH$$

三、预习与思考

（1）结合本实验复习已学的有关傅-克酰化反应的内容；绘出反应装置流程图，准确计算出反应物的量，并确定加料方式。

（2）反应装置中，冷凝管上口为什么要接 $CaCl_2$ 干燥管？本反应为什么需无水操作？

（3）反应中氯化铝的用量摩尔比是多少？为什么用那么多？

（4）产品提取过程中，两次用到酸化，其作用、目的、盐酸用量各有什么不同？分析本实验中产品提取方法的理论依据。

四、实验装置及药品

1. 实验装置

自行安装一套反应装置，用250mL三口烧瓶，中间口装搅拌器，一口接Y形管，上装温度计与回流冷凝器，冷凝管上口接$CaCl_2$干燥管，并与氯化氢气体吸收装置[①]连接，另一口为加料口。

2. 实验药品

邻苯二甲酸酐[②]（熔点130.5～131.5℃）、氯苯（无水，沸点131～135℃）、无水氯化铝、30%盐酸（工业）、固体氢氧化钠（工业）。

五、实验步骤及方法

1. 对氯苯甲酰苯甲酸的合成

在安装好的反应瓶中迅速加入90g（0.8mol）氯苯和32g（0.24mol）无水氯化铝，开动搅拌，油浴加热至70℃，再从加料口缓慢加入14.8g（0.1mol）邻苯二甲酸酐[③]，加料温度控制在75～80℃[④]，加完后，继续在此温度下反应2.5h，得透明红棕色黏稠液体，停止反应，自然冷却。

2. 提取与精制

（1）配制溶液　根据需要量，配制10%的盐酸溶液、5%的氢氧化钠溶液若干，待用。

（2）酸化　将产物液缓慢倒入装有170g碎冰和15mL 30%浓盐酸的500mL的烧杯中，搅拌30min（此操作最好在通风橱中进行），静置分层，氯苯层用水洗涤两次，每次用水170mL。

（3）碱化　所得氯苯层加5%的NaOH溶液100mL，搅拌30min，使对氯苯甲酰苯甲酸成为钠盐溶于水中，静置分层。将分离出来的氯苯层再用5%的NaOH溶液40mL同样操作一次，两次水液合并，氯苯倒入溶剂回收罐。

（4）酸化结晶　将上述得到的水液，在搅拌下滴加10%的盐酸溶液酸化，温度控制在10℃以下，酸化至pH＝3～2[⑤]。继续搅拌一段时间使pH不再升高为止，有固体产品析出，静置，抽滤。滤饼用冷水洗涤至pH＝3.5以上，烘干，称量，测熔点（合格产品熔点143～148℃）。

六、结果与讨论

（1）分析产品质量，计算收率。

（2）讨论影响本实验结果的主要因素；实验中，温度、加料方式、有害气体吸收等控制方式是否理想？谈谈对本实验的体会。

七、注释

① 反应中有氯化氢气体逸出，需在球形冷凝器顶端连接气体吸收装置，如图5-1所示。图(a)可作为少量气体的吸收装置，漏斗略微倾斜，一半在水中，一半露出水面。这样，既能防止气体逸出，又可防止水被倒吸至反应瓶中。图（b）的玻璃管略微离水面，以防倒吸。有时为了使氯化氢气体吸收完全，可在水中加些NaOH。若反应过程有大量气体生成或气体逸出很快时，可使用图（c）装置，水（可用冷凝管流出的水）自上端流入抽滤瓶中，在侧管处逸出，粗的玻璃管恰好插入水面，被水封住，以防止气体逸出。

② 邻苯二甲酸酐质量对收率影响较大，应采用熔点为130.5～131.5℃的原料。

③ 邻苯二甲酸酐加入速度应慢些，过快反应剧烈，温度不易控制，大量氯化氢气体逸出，有冲料危险。

④ 反应应控制在75～80℃之间，过低反应不完全，太高反应物容易分解，影响产品质

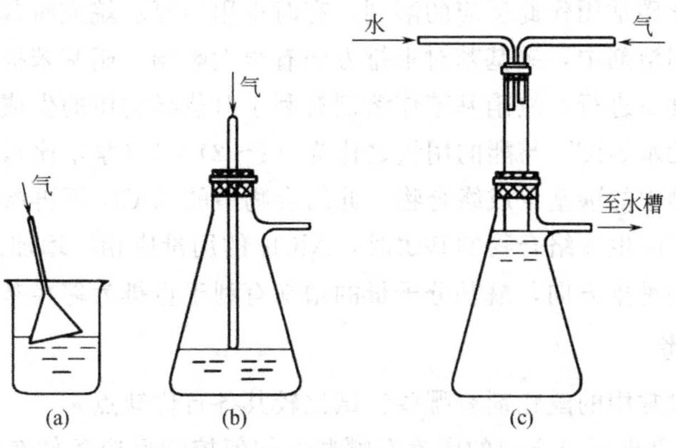

图 5-1　有害气体吸收装置

量和收率。

⑤ 酸化时酸度应控制在 pH 3 以下，否则可能有氢氧化铝一起析出，影响产品质量。酸化温度在 10℃以下，滴加酸的速度宜慢，这样可使结晶均匀，不致结块成胶状物。

实验十四　对羟基苯乙酮的制备

对羟基苯乙酮（hydroxyacetophenone）又名对乙酰苯酚、对羟基乙酰苯，是中草药茵陈的有效成分之一，具有清热利湿功效，可用于肝胆疾病治疗，同时它也是一种有机合成中间体，可用于制造香料等。

一、目的与要求

（1）掌握苯酚的酯化原理及操作技术。

（2）熟悉影响傅瑞斯（Fries）重排反应产物的主要因素及无水操作技术。

（3）熟悉萃取、蒸馏等提纯操作。

二、实验原理

对羟基苯乙酮为无色针状结晶，熔点 109℃，沸点 148℃（0.40kPa）。微溶于水，22℃时可溶于 100 份水，100℃时溶于 14 份水，易溶于乙醇、乙醚及苯，遇氯化铁变为浅紫色，不能随水蒸气蒸馏。

合成对羟基苯乙酮可以苯酚为原料，先将其酰化生成醋酸苯酯；醋酸苯酯在无水氯化铝存在下进行 Fries 重排反应而得。其反应式如下：

$$C_6H_5OH + (CH_3CO)_2O \longrightarrow C_6H_5OCOCH_3 + CH_3COOH$$

$$C_6H_5OCOCH_3 \xrightarrow[\text{无水 } AlCl_3]{60℃ \pm 2℃} p\text{-}HOC_6H_4COCH_3$$

醋酸苯酯在无水氯化铝的作用下进行 Fries 重排，可同时生成两种异构体（邻位和对位），但二者之比首先取决于温度，其次是溶剂的性质和氯化铝的用量及酯本身结构。

许多实验证明，升高温度有利于邻位重排，在低温时则主要生成对位异构体。

硝基苯和二硫化碳常用作此反应的溶剂，有时也用四氯乙烷或氯苯作溶剂，在某些情况则不用溶剂。在所用溶剂中，硝基苯对重排方向有很大影响。硝基苯极易溶解氯化铝，因而可使反应在较低温度下进行，故硝基苯作溶剂有利于对位异构体的生成。

重排反应时，无水 $AlCl_3$ 与酯的用量之比为（1～2）∶1（摩尔比），较多情况下为1∶1。由于 $AlCl_3$ 与有机物中的羰基生成络合物，此络合物中的 $AlCl_3$ 不再参与重排反应，故当酯分子中具有能与 $AlCl_3$ 生成络合物的基团时，$AlCl_3$ 的用量应相应增加。

酯的结构也影响重排方向，酰基分子量的增加有利于重排为邻羟基酮[①]。

三、预习与思考

（1）苯酚酰化时常用的酰化剂有哪些？试比较其各自优缺点。

（2）影响 Fries 重排反应方向的因素有哪些？如何控制反应条件有利于对位重排？对该实验而言，邻羟基苯乙酮如何除去？

（3）Fries 重排反应后的产物液为什么需倒入冰水中用 6mol/L 的盐酸酸化？

（4）氯仿液为什么用无水 Na_2SO_4 干燥，而不用无水 $CaCl_2$ 干燥？

（5）用无水 Na_2SO_4 或无水 $CaCl_2$ 干燥有机液体，可否在干燥剂存在下进行蒸馏？

（6）查阅文献，找出制备对羟基苯乙酮还有哪些方法？

四、实验装置与药品

1. 实验装置

（1）准备 500mL 锥形瓶一个，分液漏斗（大小各一个），烧杯若干。

（2）自行安装常压蒸馏、水蒸气蒸馏装置各一套。

（3）自行安装带有搅拌器、温度计、球形回流冷凝器、250mL 三口烧瓶的反应装置一套。

2. 实验药品

苯酚、醋酐、四氯化碳、氯仿、硝基苯、无水氯化铝、无水氯化钙、无水硫酸钠、碳酸钠（或碳酸氢钠）溶液（1mol/L）、盐酸溶液（6mol/L）、氢氧化钠溶液（10%），皆为化学纯或自配。

五、实验步骤及方法

1. 醋酸苯酯的制备

（1）在 500mL 锥形瓶中溶解 23.5g 苯酚于 160mL 10%氢氧化钠溶液中，再加入 150g 碎冰和 32.5g 醋酐，然后将锥形瓶振摇 5～10min，反应液乳化，生成醋酸苯酯。

（2）将反应液倾入分液漏斗中，加 10mL 四氯化碳，以利于两层分离，将酯层用 1mol/L碳酸钠（或碳酸氢钠）溶液洗涤至中性，注意常放气。弃水层，收集酯层，并用无水氯化钙干燥[②]。

（3）将已干燥的酯层放入蒸馏烧瓶中，慢慢蒸馏，收集 193～197℃的馏分[③]。

2. 对羟基苯乙酮的制备

（1）将上述制得的醋酸苯酯 15g、硝基苯 45g，放入已安装好的 250mL 三口烧瓶中，在冷却和搅拌下加入无水氯化铝[④] 24g（此时反应放热），反应液由黄→棕黄→棕色，加完[⑤]，控制温度在（60±2）℃，维持 2h，反应完毕。

（2）将产物液冷却至室温，后倾入冰水中[⑥]，用 6mol/L 盐酸酸化至水液澄清，倒入分液漏斗中静置。

(3) 将分出的硝基苯用 10% NaOH 中和到微酸性或中性时，移至 250mL 圆底烧瓶中进行水蒸气蒸馏，至硝基苯蒸净为止。

(4) 圆底烧瓶中的水溶液冷却后，用氯仿⑦提取（20mL、15mL、15mL）三次，合并氯仿液，用无水硫酸钠干燥，摇匀后静置。

(5) 过滤干燥后的氯仿液移至 150mL 蒸馏瓶中，蒸去氯仿后冷却，得粗品。

(6) 粗品用水重结晶，并用活性炭脱色⑧，结晶，干燥，称量并测熔点。

六、结果与讨论

(1) 计算 Fries 重排反应生成对羟基苯乙酮的收率，并对结果进行分析，找出导致收率偏低的原因。

(2) 尝试采用正交实验法，筛选出最佳工艺条件。

七、注释

① 详细情况可参阅《有机制备化学手册》上卷．韩广甸等编译．北京：化学工业出版社，1980。

② 无水 $CaCl_2$ 是广泛应用的廉价干燥剂，它能吸收较大量水分，生成数种不同分解温度的水合物，但干燥速率过于缓慢，不能干燥醇、酚、胺、氨基酸、酰胺、低级酮、醛和酯及酸性物质，不能在 $CaCl_2 \cdot 6H_2O$（或 $Na_2SO_4 \cdot 10H_2O$）存在下蒸馏液体，否则，馏出物中仍含有水分。

③ 醋酸苯酯沸点为 195～196℃，蒸馏时需加沸石，以防爆沸。

④ 无水氯化铝极易水解，故反应装置应干燥，并防止进入潮气（尾气接干燥管）；称量要快；加无水氯化铝后反应剧烈发热，可用冰水浴移热，以防温度过高对邻位重排有利。

⑤ 无水氯化铝也可分数次添加，但操作宜迅速，以防潮解。

⑥ 冰水混合物可采用 100mL 水＋15g 冰，冰不宜太多，否则由于过冷而使硝基苯呈黏块状，需再加热处理才行。

⑦ 氯仿（三氯甲烷）及四氯化碳废液的回收。

一般使用过的氯仿及四氯化碳，可以回收利用。其方法为：首先将废液用水洗涤两次，使能溶于水的物质被抽取出去，用分液漏斗将水层尽量分离净。用 10～20mL 浓硫酸，加入漏斗中，充分摇匀分层后视硫酸层是否带色，抽取至硫酸层不显色为止。将硫酸分离净，用蒸馏水抽取硫酸几次，然后将水分离净，加氧化钙脱水，静置数小时。过滤，将液体分离出，再用 0.5%的盐酸羟胺抽洗，使液体澄清分离出，进行分馏（用水浴）。四氯化碳在 78～79℃、氯仿在 59～61℃时收集出来的液体即可使用。

检查质量的方法：用 0.005%的二苯磺脲，振荡数分钟后，静置片刻，纯绿色不变棕色即可使用。

⑧ 活性炭的加入量可取粗品重的 1%～2%，待粗品溶解后，先冷却片刻再加入活性炭，以防爆沸；在活性炭存在下煮沸 3～5min，趁热过滤。

实验十五 相转移催化法合成 *dl*-扁桃酸

dl-扁桃酸（mandelic acid）又名苦杏仁酸、苯乙醇酸、α-羟基苯乙酸等。它是重要的化工原料，在医药工业中主要用于合成血管扩张药环扁桃酸酯、滴眼药羟苄唑等。以往多由苯甲醛与氰化钠加成得腈醇（扁桃腈）再水解制得。该法路线长，操作不便，劳动保护要求

高。采用相转移二氯卡宾法一步反应即可制得，既避免了使用剧毒的腈化物，又简化了操作，收率亦较高。

一、目的与要求

(1) 了解相转移催化反应的原理以及在药物合成中的应用。

(2) 掌握相转移催化剂的制备及后处理技术。

(3) 掌握相转移二氯卡宾法制备扁桃酸的操作技术。

二、实验原理

在药物合成中常遇到水相和有机相参与的非均相反应，这些反应速度慢、收率低、条件苛刻、有些甚至不发生反应。通常的解决方法是选择一种合适的溶剂，将两种物质溶解，这样不但成本高、回收和后处理麻烦，而且不能适合所有的反应。1965 年，MaKasza 首先发现鎓类化合物具有使水相中的反应物转入有机相中的性质，从而加快了反应速度，提高了收率，简化了操作，并使一些难以进行的反应顺利完成，从而开辟了相转移催化这一新的合成方法。近 20 年来，相转移催化技术在药物合成中的应用日趋广泛。

常用的相转移催化剂主要有两类，即季铵盐类和冠醚类。

本实验采用季铵盐（TEBA）为相转移催化剂。其原理是，在 50% 的水溶液中加入少量的相转移催化剂和氯仿，季铵盐在碱液中形成季铵碱而转入氯仿层，继而季铵碱夺去氯仿中的一个质子而形成离子对（$R_4N^+CCl_3^-$），然后发生 α-消除生成二氯卡宾（$:CCl_2$），二氯卡宾是非常活泼的中间体，能与多种官能团发生反应生成各类化合物，其中与苯甲醛加成生成环氧中间体，再经重排、水解得到 *dl*-扁桃酸。

反应式如下：

$$\underset{\text{水相}}{R_4N^+Cl^-} + \underset{\text{水相}}{NaOH} \rightleftharpoons \underset{\text{油相}}{R_4N^+OH^-} + \underset{\text{水相}}{NaCl}$$

$$\underset{\text{油相}}{R_4N^+OH^-} + \underset{\text{油相}}{CHCl_3} \rightleftharpoons \underset{\text{油相}}{R_4N^+CCl_3^-} \rightleftharpoons \underset{\text{油相}}{:CCl_2} + \underset{\text{水相}}{R_4N^+Cl^-}$$

$$C_6H_5CHO \xrightarrow{:CCl_2} C_6H_5\text{-}\underset{\text{(环氧, }CCl_2)}{CH\text{-}O} \xrightarrow{\text{重排}} C_6H_5\text{-}CH(Cl)\text{-}COCl \xrightarrow[H_2O]{NaOH} \xrightarrow{H^+} C_6H_5\text{-}CH(OH)\text{-}COOH$$

本品为白色斜方片状结晶，熔点为 119℃，相对密度 1.30，易溶于水、乙醇、乙醚、异丙醇等，长期露光则分解变色。

三、预习与思考

(1) 查阅有关资料，找出常用的相转移催化剂有哪些，其结构有什么特点？在科研与工业生产中，采用相转移催化技术有哪些优点？此技术还可用在哪些类型的反应中？

(2) 一般反应中，选择溶剂的原则是什么？本实验，在相转移催化剂的制备中，可供选择的溶剂有哪些？分析其优缺点。

(3) 本实验可能的副反应有哪些？操作上应如何避免？

(4) 反应完毕后，二次用乙醚提取，酸化前、后各提取什么？乙醚是易燃低沸点溶剂，使用时应该注意哪些事项？本实验可用乙酸乙酯代替乙醚进行提取，试比较各自的优缺点。

(5) 本产品与实验十三的产品都属于有机酸类，产品的提取方法有什么异同点？本产品可否用水法提取？为什么？

(6) 查阅文献，找出制备 *dl*-扁桃酸还有哪些方法？分析比较本法的优点。

四、实验装置及药品

1. 实验装置

自行安装两套反应装置与一套常压蒸馏装置。

装置 1：带有搅拌器、温度计、球形回流冷凝器、250mL 三口烧瓶的反应装置，用于相转移催化剂的制备。

装置 2：带有搅拌器、温度计、球形回流冷凝器、滴液漏斗、250mL 三口烧瓶的反应装置（如图 4-1 所示），用于相转移催化反应制备产品。

装置 3：常压蒸馏装置，用于催化剂及产品的提取与精制。

2. 实验药品

三乙胺、氯化苄、苯甲醛、氯仿、丙酮、甲苯、乙醚、50%氢氧化钠、50%硫酸，以上药品为化学纯或自制。

五、实验步骤及方法

1. 三乙基苄基铵盐（TEBA）的制备[①]

(1) 在装置 1 的反应瓶中依次加入 40mL 的丙酮（溶剂）、41g（0.4mol）的三乙胺、51g（0.4mol）的氯苄，加热至回流，此时温度为 80℃左右。在此回流温度下反应 2h，反应液逐渐由无色透明变为浅黄色黏稠液，停止反应。

(2) 以上产物液自然冷却至室温，有部分针状晶体析出，同时黏度增加，将其倒入干净的 250mL 的烧杯中，冷却至 10℃以下[②]，过夜，抽滤。滤饼用甲苯洗涤两次，抽干，干燥，得白色粉末。称重，测熔点（合格产品熔点 180～191℃）。

2. *dl*-扁桃酸的制备

(1) 在装置 2 的反应瓶中，加入 21.2g 苯甲醛[③]、2.4g 三乙基苄基铵盐（TEBA）、32g 氯仿。开动搅拌器，水浴缓慢加热，待温度升到 56℃时，缓慢地滴入 50% NaOH 溶液 50mL，控制滴加速度[④]，维持反应温度在 (56±2)℃，约 1h 滴完，滴毕，再在此温度下继续搅拌 1h。

(2) 产物混合液冷至室温后，停止搅拌，倒入 200mL 水中，静止分层，弃去油层，水层用乙醚提取 2～3 次，每次用 20mL（根据具体情况产物提完为止）。水层用 50%的硫酸酸化至 pH=2～3，再用乙醚提取 2～3 次，每次 20mL。合并提取液，用无水硫酸钠干燥。利用装置 3 蒸去乙醚，冷却，得粗品。

(3) 精制：将粗品用甲苯重结晶，抽滤，干燥，得白色斜方片状结晶。称重，测熔点。

六、结果及讨论

(1) 计算相转移催化剂 TEBA 的收率。

(2) 计算产品 *dl*-扁桃酸的收率。

(3) 讨论

① 本实验所制得的催化剂及终产品的质量与收率如何？分析原因。

② 你的实验在哪些方面需要改进与提高，写出总结，制定出实验方案。

③ 在教师允许的情况下，也可尝试“七、注释”中的方法或自己查阅文献所得到的方法。

七、注释

① 制备 TEBA 也可用下述方法：将 12.64mL 三乙胺与 10mL 氯化苄加入到 6.66mL 的二甲基甲酰胺（DMF）和 2mL 乙酸乙酯中，加热至 104℃，反应 1h，冷却至 80℃，加 8g 苯，冷却得沉淀，抽滤，滤饼用苯洗涤两次，干燥，测熔点：185～187℃。

② 可以通过常压蒸馏蒸去丙酮，冷却，得白色针状结晶，再用苯或乙醚洗涤，干燥即可。

③ 苯甲醛化学性质活泼易被氧化而使纯度降低，使用前需纯化处理，处理方法通常有以下两种：

方法一：若苯甲醛的级别差（如工业品），用 10mL 10%的 Na_2CO_3 溶液洗涤 30mL 苯甲醛两次，弃去水层，再用 5g 无水硫酸钠干燥，通过简单蒸馏，收集 178～180℃的馏分。

方法二：级别稍好的苯甲醛，直接蒸馏收集 178～180℃的馏分。

④ 滴加 50%NaOH 溶液，速度不宜过快，每分钟约 4～5 滴，否则，苯甲醛在浓的强碱条件下易发生歧化反应，使产品收率降低。

实验十六　离子交换树脂催化法合成乙酸苄酯

一、目的与要求

（1）了解固体酸、碱催化反应在有机合成上的应用及其优点。

（2）会固定床催化连续酯化反应的操作。

（3）会强酸性阳离子交换树脂的预处理及再生技术。

（4）会使用阿贝折光仪和薄层色谱检测产品。

二、实验原理

苄醇与乙酸①作用生成乙酸苄酯，原来是用少量硫酸作为催化剂。

$$C_6H_5CH_2OH + CH_3COOH \xrightarrow{H_2SO_4} C_6H_5CH_2OCOCH_3$$

本工艺采用大孔型强酸性离子交换树脂代替硫酸作为催化剂进行连续酯化反应。应用离子交换树脂作为催化剂，有以下几个明显优点：

① 后处理简单，反应结束后只要简单过滤一下，就可得到不含催化剂的产物；

② 过滤后得到的催化剂，可回收利用；

③ 操作简便，有时只需将反应物通过离子交换树脂即可进行连续反应；

④ 反应选择性高，副反应少；

⑤ 腐蚀性相应较少，不需要特殊的防腐设备；

⑥ 不产生“三废”。

关于离子交换树脂的结构、交换原理等简单介绍如下。

离子交换树脂是一种具有离子交换能力的合成树脂，一般是以苯乙烯、二乙烯苯共聚物（一种体型网状结构的球体，如图 5-2 所示）作为母体引入可供离子交换的酸性基团（如—SO_3H、—COOH）或碱性基团［如—$CH_2N^+(CH_3)OH^-$］而得到的。

离子交换树脂的品种繁多，通常按交换离子的性质分为阳离子交换树脂和阴离子交换树脂两大类。这两大类树脂的区分是按树脂母体中含有酸性基团或碱性基团团来决定的。例如，含有—SO_3H 基团的树脂，因其中之 H^+ 可以和其他阳离子进行交换，故称之

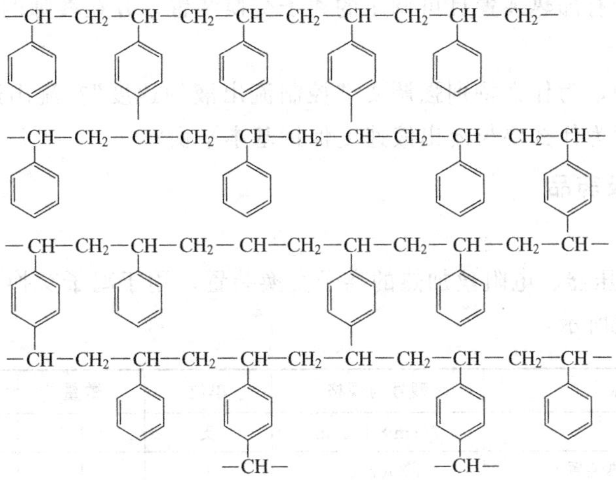

图 5-2　离子树脂网状结构图

为阳离子交换树脂；同样含有—$CH_2N^+(CH_3)OH^-$基团的树脂，因 OH^- 可以和其他阴离子进行交换而称之为阴离子交换树脂。又根据酸性基团或碱性基团的强弱，可分为强酸性阳离子交换树脂与弱酸性阳离子交换树脂，强碱性阴离子交换树脂与弱碱性阴离子交换树脂等。

离子交换的过程，以强酸性阳离子交换树脂为例（可用 R—SO_3H 表示）。式中 R 表示树脂母体，—SO_3^- 是固定在树脂母体上的离子，它不能活动，因而不能与外界离子进行交换，而 H^+ 可以在树脂粒内部自由活动，也可以与外界溶液中相同电荷的离子进行等当量的交换。可以形象地用图形表示，如图 5-3 所示。

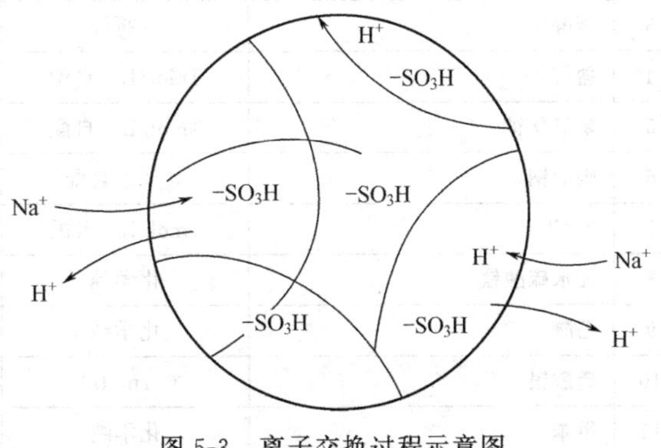

图 5-3　离子交换过程示意图

图 5-3 中的圆球，表示一颗强酸性离子交换树脂的结构，在树脂颗粒外部的溶液中有 Na^+Cl^- 分子，其中 Cl^- 由于受到树脂颗粒内部固定 SO_3^- 相同电荷的排斥不容易进入树脂颗粒内部，而 Na^+ 则易于进入树脂颗粒内部并与其中的 H^+ 进行等当量的交换。

离子交换树脂由于不溶于水也不溶于有机溶剂，具有耐酸、耐化学药品、交换容量高、力学性能好等优点，因而具有广泛的应用。在许多重要的有机合成反应中，具有良好的催化性能，既能简化工艺、设备，又能提高产品质量、降低劳动强度，并能进行连续化生产，为有机合成开辟了一条广阔的新的合成工艺途径。

三、预习与思考

(1) 查文献，比较离子交换树脂做催化剂与传统的无机酸做催化剂，在操作方式、产品收率、“三废”排放等方面的优缺点。

(2) 预处理阶段，用酸、碱、去离子水反复洗涤的目的是什么？使用过的树脂如何再生？

(3) 自行设计带有加热装置且可调压的离子交换装置，并在教师的指导下动手制作，搭建完整的实训流程。

(4) 操作过程中，为什么特别强调要“控制流出液的速度”？流出速度过快会产生什么后果？料液滴加速度为什么要与流出液速度保持基本平衡？

四、实验装置及药品

1. 实验装置

装置1：带有调压器、电阻丝加热的离子交换装置，用于离子交换反应。其中反应及测试仪器的要求如下表所示：

序号	名　称	型号与规格	单位	数量	备注
1	离子交换柱	25cm×1.5cm	支	1	树脂预处理用
2	离子交换柱(带加热装置)	250mL	个	1	酯化反应用
3	调压器	1000～2000W	个	1	
4	阿贝折光仪		台	1	公用
5	薄层层析板	2cm×10cm	个	2	
6	层析缸		个	1	

装置2：普通蒸馏装置，用于蒸出萃取溶剂。

2. 主要药品

序号	名　称	型号与规格	单位	数量	备注
1	Na型大孔强酸型树脂	工业	g	40	
2	乙酸	分析纯	mL	11.5	
3	苄醇	分析纯	mL	13.5	
4	盐酸	1mol/L　自配	mL	500	公用
5	氢氧化钠	1mol/L　自配	mL	500	公用
6	碳酸钠	40%　自配	mL	500	公用
7	NaCl	1mol/L　自配	mL	500	公用
8	无水硫酸镁	化学纯	g	5	
9	乙醚	化学纯	mL	500	
10	硝酸银	0.1mol/L	mL	50	公用
11	甲苯	化学纯	mL	500	公用
12	碘	化学纯	g	50	公用
13	酚酞指示剂	1%	mL	10	公用
14	乙酸苄酯标准品		mL	10	公用

五、实验步骤及方法

1. 树脂的预处理

将Na型大孔型树脂（湿重约40g）在烧杯中，用清水洗涤2～3次，以除去混杂在树脂中的垃圾等机械杂质。然后将此树脂置于交换柱中（不绕电热丝），湿法上柱，先用1mol/L的盐酸过柱，然后用蒸馏水过柱至中性，再用1mol/L的NaOH过柱，再用蒸馏水过柱至中性，再用1mol/L的盐酸过柱。

每次用酸（或碱）100mL，最后用1mol/L的盐酸200mL以每分钟4～5mL的恒速过树脂，然后再用去离子水洗涤直至溢出液中无盐酸为止（用$AgNO_3$溶液检测无白色沉淀为止），过滤抽干。然后烘干已经处理的树脂，烘干的温度应逐渐升高，最高不能超过110℃，在110℃的烘箱中烘1.5～2h取出装柱。

2. 树脂总交换容量的测定

总交换容量是离子交换树脂的一项重要指标，需要测定。测定强酸性树脂的方法是将Na型树脂转换成H型树脂，再用NaCl溶液将树脂上的H^+用Na^+交换下来；再用NaOH标准溶液进行滴定。最后根据NaOH标准溶液的用量，即可计算出树脂的总交换容量。具体操作方法如下：

准确称取烘干树脂0.5g左右，放入250mL锥形瓶中，加入1mol/L NaCl溶液100mL摇匀，放置1.5h，然后加入1%酚酞指示剂3滴，以0.1mol/L NaOH标准溶液滴定至微红色15s不褪色为终点，再按下式计算树脂总交换容量。

$$总交换容量(mmol/g\ 氢型干树脂)=MV/m$$

式中 M——NaOH的物质的量浓度，mol/L；

V——NaOH用量，L；

m——树脂样品总质量，g。

3. 酯化反应

在直径1.5cm、绕有电热丝的玻璃柱中加入处理过的树脂9g②，柱管垂直放置，由于树脂的吸附，故需要补加反应液。具体做法是：

由湿法上柱后流出的反应液记录其体积V_1(mL)，并计算需要补加的反应液体积V，$V=25-V_1$(mL)，按苄醇和冰醋酸的配比，分别计算需补加的苄醇和冰醋酸的量。将补加的反应液与流出的反应液混合（应为25mL）置于125mL滴液漏斗中，调节变压器（一般不超过50V），使反应温度控制在65～75℃（过高的温度会影响树脂的机械强度，而且反应液又会因乙酸的蒸发，在树脂层中产生气泡而影响催化效果；温度低，则反应率下降）。以顺流形式通过树脂层，调节下端旋钮控制流出的速度为每分钟2mL左右，同时调节料液滴加速度，使之与产物流出速度相平衡。收集流出液③，用40%的碳酸钠溶液小心中和至pH≈8。于分液漏斗中，用乙醚萃取产品，每次15mL，共3次。合并萃取液，用少量的10mL饱和NaCl溶液洗2次，分去水层后的产物用无水硫酸镁（约3～5g）干燥，常压蒸去乙醚，即得产品，称重。

4. 产品测试

产品可用阿贝折光仪和薄层色谱进行检测（与标准品对照）。

乙酸苄酯 $n_D^{20}=1.5022$

薄层色谱方法：取层析用硅胶G 7g加入到研钵中，用0.5%羧甲基纤维素钠适量调成糊状，然后制板，用苯作展开剂，碘蒸气显色。

六、结果及讨论

(1) 计算产品收率，测试产品纯度。

(2) 对进一步提高产率，你有何设想？

(3) 产品中和时能否用NaOH溶液？

(4) 采用离子交换树脂作为催化剂的连续反应，有何特点？

七、注释

① 以乙酸酐代替乙酸进行酯化反应，收率高，但乙酸酐对树脂有腐蚀性。

② 树脂应先浸泡在由苄醇 13.5mL、冰醋酸 11.5mL（1∶1.5，摩尔比）组成的反应液中，然后用湿法上柱。

③ 使用过的树脂经处理后，可再用作催化反应，效果不变。树脂再生方法为：反应后的树脂倒入烧杯中，搅拌下用常水反复冲洗至中性然后装柱，用 1mol/L NaOH 100mL 过柱，再用蒸馏水洗至中性，再用 1mol/L HCl 200mL 过柱，用蒸馏水洗至无盐酸为止（用 $AgNO_3$ 溶液测无白色沉淀为止），过滤抽干。临用前在 110℃烘 1.5h 测定交换量。

第二节　医药产品制备技术

实验十七　苯妥英钠的制备与定性鉴别

一、目的与要求

（1）熟悉安息香缩合，以及用维生素 B_1 为催化剂的操作特点。

（2）掌握硝酸氧化剂的使用方法，会乙内酰脲环合反应操作方法。

（3）通过苯妥英钠的合成，巩固和掌握已学的分离、精制技术。

二、实验原理

苯妥英钠（phenytoin sodium）化学名为 5,5-二苯基乙内酰脲钠（sodium 5,5-diphenyl-hy-dantoinate），又名大伦丁钠（dilantin sodium），为抗癫痫药。

苯妥英钠通常用苯甲醛为原料，经安息香缩合，生成二苯乙醇酮，随后氧化为二苯乙二酮，再在碱性醇液中与脲缩合、重排制得。安息香缩合通常用 NaCN（或 NaCN）为催化剂，但由于其毒性大，使用不方便，本实验用维生素 B_1 作为辅酶催化剂，条件温和、毒性小、收率高。反应式如下：

$$C_6H_5CHO \xrightarrow[C_2H_5OH/NaOH]{维生素\ B_1} C_6H_5\text{-}CO\text{-}CH(OH)\text{-}C_6H_5 \xrightarrow{HNO_3} C_6H_5\text{-}CO\text{-}CO\text{-}C_6H_5$$

$$\xrightarrow{NH_2\text{-}CO\text{-}NH_2} (C_6H_5)_2C\text{—}[\text{NH-CH(ONa)-NH-C(=O)}] \xrightarrow[pH4\sim5]{HCl} (C_6H_5)_2C\text{—}[\text{NH-C(=O)-NH-C(=O)}]$$

$$\xrightarrow[pH11\sim12]{NaOH} (C_6H_5)_2C\text{—}[\text{NH-C(ONa)=N-C(=O)}]$$

三、预习与思考

（1）二苯乙二酮与脲的碱性催化缩合，生成乙内酰脲的反应机理如何？

（2）分析二苯乙醇酮的两种制备方法的区别，以及二苯乙二酮的两种制备方法的区别。工业生产更适用于哪种方法？

(3) 说明二苯乙二酮重排、环合反应的机理。

(4) 制备苯妥英粗品时滤液用10%盐酸调至pH6的目的是什么?

(5) 精制苯妥英粗品时为什么要滴加20% NaOH?

(6) 氧化反应用硝酸做氧化剂有腐蚀性气体NO_2放出，如何做好尾气吸收?根据所学氧化反应有关知识，分析本步还可以用哪些氧化剂?

(7) 本方法中，苯妥英钠结晶采用的方法是什么?

四、实验装置及药品

1. 实验装置

自行安装如下装置。

装置1：带有冷凝管、搅拌器、温度计、250mL三口瓶、冰浴冷却的反应装置用于安息香缩合反应。(A法)

装置2：带有上口接有害气体吸收装置的回流冷凝器、搅拌器、温度计、250mL三口瓶的反应装置用于氧化反应。

装置3：带有搅拌器、温度计、球形冷凝器的250mL三口烧瓶、加热套加热的反应装置用于重排、环合反应。

2. 实验药品

苯甲醛（新蒸馏）、维生素B_1盐酸盐（工业品）、95%乙醇（化学纯）、2mol/L氢氧化钠水溶液（自配）、浓硝酸（化学纯）、脲素（化学纯）、氢氧化钠（化学纯）。

五、实验步骤及方法

1. 安息香缩合——二苯乙醇酮的制备

制备二苯乙醇酮有两种方法，其中方法B更简单，易于操作。两种方法如下。

A法：在装有冷凝管、搅拌器的250mL三口烧瓶中，加入3.5g维生素B_1盐酸盐、10mL水、30mL 95%的乙醇，冰浴冷却下搅拌数分钟后，加入预先冷却的2mol/L氢氧化钠水溶液10mL，再加入20mL新鲜的苯甲醛（无沉淀的苯甲醛），搅拌下水浴加热，于78～80℃下反应90min。将反应液冷却至室温，然后于冰浴中待结晶出现完全，如果产物呈油状而不易结晶时，再重新加热一次，慢慢地冷却。减压抽滤，结晶产物用50mL冷却水洗涤两次，称重粗品，烘干（mp132～134℃）。如熔点低可用95%乙醇重结晶。

B法：于锥形瓶中加入维生素B_1盐酸盐5.4g、水20mL、95%乙醇40mL。不时摇动，待维生素B_1盐酸盐溶解，加入2mol/L NaOH 15mL，充分摇动，加入新蒸馏的苯甲醛15mL，放置3～5d。抽滤得淡黄色结晶，用冷水洗，得二苯乙醇酮粗品。

2. 氧化

二苯乙二酮的制备有两种方法，其中方法A更简单，易于操作。两种方法如下。

A法：将12g上步制得的二苯乙醇酮、28mL硝酸于250mL三口烧瓶中，装上回流冷凝器。回流冷凝器上口接有害气体吸收装置（反应中产生的NO_2气体可用导气管导入NaOH溶液中吸收，实验装置参见图5-1）。加热回流，待反应液上下两层基本澄清后（大约2h，也可用pH试纸检验无NO_2气体放出），搅拌下趁热倒入40mL温水中，冷却。抽滤，用水洗至pH=3～4，干燥得二苯乙二酮，mp89～92℃（纯二苯乙二酮mp95℃）。

B法：在装有搅拌器、温度计、球形冷凝器的250mL三口烧瓶中，投入二苯乙醇酮12g、稀硝酸（HNO_3 : H_2O为1 : 6）30mL。开搅拌，用油浴加热，逐渐升温至110～

120℃，反应2h（反应中产生的NO_2气体的处理方法见A法）。反应完毕，在搅拌下，将反应液倾入40mL热水中，搅拌至结晶全部析出。抽滤，结晶用少量水洗，干燥，得粗品。

3. 重排、环合

在装有搅拌器、温度计、球形冷凝器的250mL三口烧瓶中，加入8g二苯乙二酮、40mL 50%乙醇、2.8g脲以及24mL 20%氢氧化钠。开动搅拌，加热回流30min。反应完毕，反应液倾入240mL沸水中，加入活性炭，煮沸10min，趁热抽滤。滤液用10%盐酸调至pH6，放置析出结晶，抽滤，结晶用少量水洗，得苯妥英粗品。

4. 精制

将粗品混悬于4倍（质量）水中，水浴上温热至40℃，搅拌下滴加20% NaOH至全溶。加活性炭少许，加热5min，趁热抽滤，滤液加氯化钠至饱和。放冷，析出结晶，抽滤，少量冰水洗涤，干燥得苯妥英钠，称重，计算收率，做鉴别试验。

5. 鉴别

(1) 性状：本品为白色粉末；无臭，味苦；微有引湿性；在空气中逐渐吸收二氧化碳，分解成苯妥英。

(2) 鉴别方法：取本品约0.1g，加水2mL溶解后，加二氯化汞试液数滴，即发生白色沉淀，在氨试液中不溶。

六、结果及讨论

(1) 安息香缩合反应中，为什么强调用新鲜的苯甲醛？

(2) 安息香缩合反应的反应液，为什么自始至终要保持微碱性？

(3) 制得苯妥英钠后，要尽快作鉴别实验；若暴露在空气中放置长时间后再鉴别会失败，为什么？

实验十八　扑热息痛的制备与定性鉴别

一、目的与要求

(1) 掌握铁粉还原硝基化合物的操作方法及操作要点。

(2) 掌握选择性酰化的原理及操作方法。

(3) 巩固重结晶和熔点测定等基本操作。

(4) 了解扑热息痛的定性鉴别原理及方法，会进行鉴别操作。

二、实验原理

扑热息痛（acetaminophen），化学名对乙酰氨基酚、对羟基乙酰苯胺，是乙酰苯胺类解热镇痛药。其合成方法为，以对硝基苯酚为原料，在酸性介质中用铁粉还原，生成对氨基苯酚。对氨基苯酚进行选择性*N*-酰化得产品。选择性酰化，工业上常用乙酸为酰化剂回流反应，并蒸出少量的水，促进反应的进行；在实验室，可用乙酐为酰化剂，但为了避免*O*-酰化的副反应发生，需控制反应的条件。反应式如下：

$$4HO-C_6H_4-NO_2 + 9Fe + 4H_2O \xrightarrow{HCl} 4HO-C_6H_4-NH_2 + 3Fe_3O_4$$

$$HO-C_6H_4-NH_2 + Ac_2O \longrightarrow HO-C_6H_4-NHAc + AcOH$$

三、预习与思考

(1) 查阅文献，找出还原硝基的其他方法还有哪些？从环保的角度考虑，哪种方法更适用于工业化生产，为什么？

(2) 如何控制反应条件，避免 *O*-酰化的副反应发生？

(3) 为什么制备对氨基苯酚、扑热息痛时都要加入亚硫酸氢钠？

(4) 扑热息痛粗品精制过程中，为什么趁热抽滤时应预先在接受器中加入少量亚硫酸氢钠？

四、实验装置及药品

1. 实验装置

自行安装如下装置。

装置 1：带有温度计、烧杯、电炉加热的还原反应装置。

装置 2：带有锥形瓶、水浴加热的酰化反应装置。

2. 实验药品

对硝基苯酚（化学纯，总量 25g）、还原铁粉（化学纯，总量 33g）、盐酸（化学纯）、碳酸钠（化学纯）、亚硫酸氢钠（化学纯）、乙酸酐（化学纯）、氯化铁试液（自配）、β-萘酚试液（自配）、亚硝酸钠试液（自配）。

五、实验步骤及方法

1. 还原

在 1500mL 烧杯中放置 200mL 水，于石棉网上加热至 60℃以上，加入约 1/2 量的铁粉和 3.5mL 盐酸（制备氯化亚铁），继续加热搅拌，慢慢升温约 5min。此时温度已在 95℃以上，撤去热源，将烧杯从石棉网上取下，立即加入大约 1/3 量的对硝基苯酚，用玻璃棒充分搅拌，反应放出大量的热，使反应液剧烈沸腾，此时温度已自行上升到 102～103℃左右，将温度计取出[①]。如果反应激烈，可能发生冲料时，应立即加入少量预先准备好的冷水，以控制反应避免冲料，但反应必须保持在沸腾状态[②]。继续不断搅拌，待反应缓和后，用玻璃棒蘸取反应液点在滤纸上，观察黄圈颜色的深浅，确定反应程度，等黄色褪去后再继续分次加料。将剩余的对硝基苯酚分三次加入，根据反应程度，随时补加剩余的铁粉。如果黄圈没褪，不要再加对硝基苯酚；如果黄圈迟迟不褪，则应补加铁粉，而且铁粉最好留一部分在最后加入。当对硝基苯酚全部加完，试验已无黄圈时[③]（从开始加对硝基苯酚到全部加完并使黄色褪去的全部过程，以控制在 15～20min 内完成较好）[④]。再煮沸搅拌 5min，然后向反应液中慢慢加入粉末状的碳酸钠 3g 左右，调节 pH6～7[⑤]，此时不要加入得太快，防止冲料。中和完毕，加入沸水，使反应液总体积达到 1000mL 左右，并加热至沸。将 3g 亚硫酸氢钠[⑥]放入抽滤瓶中，趁热抽滤。冷后析出结晶，抽滤。将母液和铁泥都转移至烧杯中，加入 1～2g 亚硫酸氢钠，加热煮沸，再趁热抽滤（滤瓶中预先加入 1～2g 亚硫酸氢钠），冷却，待结晶析出完全后抽滤。合并两次所得结晶，用 1%亚硫酸氢钠液洗涤。置红外灯下快速干燥，即得对氨基苯酚粗品。

每克粗品用水 15mL，加入适量（每 100mL 水加 1g）的亚硫酸氢钠，加热溶解。稍冷后加入适量（约粗品 5%～10%）的活性炭，加热脱色 5min，趁热抽滤（滤瓶中放入与脱色时等量的亚硫酸氢钠），冷却析晶，抽滤，用 1%亚硫酸氢钠溶液洗涤两次。干燥，mp183～184℃（分解）。

2. 酰化

在100mL锥形瓶中，放入10.6g对氨基苯酚[⑦]，加入30mL水[⑧]，再加入12mL乙酸酐，振摇，反应放热并成均相[⑨]。在预热至80℃的水浴中加热30min，冷却，待结晶析出完全后过滤，用水洗2～3次，使无酸味。干燥，得白色结晶性的扑热息痛粗品约10～12g。

每克粗品用5mL水加热溶解，稍冷后加入1%～2%的活性炭，煮沸5～10min。趁热抽滤时应预先在接收器中加入少量亚硫酸氢钠。冷却析晶，抽滤，用少量0.5%亚硫酸氢钠溶液洗两次。干燥得精品约8g，mp168～170℃。

3. 定性鉴别

(1) 取本品10mg，加1mL蒸馏水溶解，加入$FeCl_3$试液，即显蓝紫色。

(2) 取本品0.1g，加稀盐酸5mL，置水浴中加热40min，放冷，取此溶液0.5mL，滴加亚硝酸钠5滴，摇匀。用3mL水稀释，加碱性β-萘酚试液2mL，振摇，即显红色。

六、结果及讨论

(1) 对氨基苯酚遇冷易结晶，在制备过程中，需要多次过滤，在每次过滤时，为了减少产品的损失，应对漏斗如何处理？

(2) 在还原过程中，为什么用黄圈颜色来判断反应进行的程度？

(3) 在还原过程中，既要保持沸腾状态，又要防止反应液溢出，应如何操作？为什么需控制反应在较短的时间内完成？如果时间过长，会出现什么副反应？

(4) 本实验产品的收率如何？如何进一步产品提高收率？

七、注释

① 因需充分搅拌，易碰碎温度计，因此只需在测沸腾的温度时使用，然后保持反应继续沸腾即可，不必再用温度计。

② 加水量要少，只要控制不冲料即可；如水量加多，反应液不能自行沸腾，需在石棉网上加热沸腾。

③ 黄色褪去，只能说明没有对硝基苯酚，并不说明还原已经完全，还应继续反应5min。

④ 反应速度快，时间短，产品质量好。

⑤ 反应液偏酸或偏碱均可使对氨基苯酚成盐，增加溶解度，影响产量。

⑥ 这样可以防止对氨基苯酚的氧化。

⑦ 对氨基苯酚的质量是影响扑热息痛质量和产量的关键。用于酰化的对氨基苯酚应是白色或淡黄色颗粒状结晶，mp183～184℃。

⑧ 有水存在，乙酐可以选择性酰化氨基而不与酚羟基作用。酰化剂乙酐虽然较贵，但操作方便，产品质量好。若用乙酸反应时间长，操作麻烦，在小规模实验中反应物用量少，很难控制氨基被氧化的副反应，产品质量差。

⑨ 若振摇时间稍长，反应温度下降，可有少量扑热息痛结晶析出，但在80℃水浴加热振摇后又能溶解，并不影响反应。

实验十九　贝诺酯（扑炎痛）的制备

一、目的与要求

(1) 通过乙酰水杨酰氯的制备，掌握氯化试剂的选择与酰氯的制备操作方法。

(2) 通过本实验了解拼合原理在药物结构修饰方面的应用。

(3) 会酰氯为酰化试剂进行酯化反应的原理和操作方法。

二、实验原理

扑炎痛（benorglate，又名苯乐来、贝诺酯）为一新型解热镇痛抗炎药，它由扑热息痛和阿司匹林利用拼合原理制成。阿司匹林系酸性物质，可引起胃肠道反应，严重时可致胃肠道出血。利用扑热息痛的酚羟基在碱性条件下与之形成酯，既保留两者原有作用，也兼有协同作用，副作用减少。

扑炎痛为白色结晶性粉末，无臭无味。熔点 174～178℃，溶于丙酮和氯仿，微溶于乙醇，不溶于水。

阿司匹林与氯化亚砜在少量吡啶（Py）存在下进行羧羟基的卤置换反应，生成乙酰水杨酰氯。扑热息痛（对乙酰氨基酚）在氢氧化钠作用下生成钠盐，再与乙酰水杨酰氯进行缩合酯化反应，生成扑炎痛。反应式如下：

$$\text{COOH, OCOCH}_3\text{-苯环} + SOCl_2 \xrightarrow{Py} \text{COCl, OCOCH}_3\text{-苯环}$$

$$\text{OH, NHCOCH}_3\text{-苯环} \xrightarrow{NaOH} \text{ONa, NHCOCH}_3\text{-苯环}$$

$$\text{COCl, OCOCH}_3\text{-苯环} + \text{ONa, NHCOCH}_3\text{-苯环} \longrightarrow \text{COO-C}_6\text{H}_4\text{-NHCOCH}_3\text{, OCOCH}_3\text{-苯环}$$

三、预习与思考

(1) 制备乙酰水杨酰氯时，操作上应注意哪些事项？为什么？

(2) 制备扑炎痛时，为什么采用先制备对乙酰氨基酚钠，再与乙酰水杨酰氯进行酯化反应，而不直接酯化？

(3) 通过本实验说明酯化反应在结构修饰上的意义。

四、实验装置及药品

1. 实验装置

自行安装如下装置。

装置 1：带有冷凝管、搅拌器、温度计、100mL 三口烧瓶、尾气吸收的反应装置用于乙酰水杨酰氯的制备。

装置 2：带有搅拌器、温度计、250mL 三口烧瓶、滴液漏斗的反应装置用于扑炎痛的制备。

2. 实验药品

实验药品的规格、用量要求如下：

步骤	名称	规格	用量
卤置换反应	阿司匹林	工业	10g
	氯化亚砜	CP	5.5mL
	丙酮	CP	10mL
	吡啶	CP	2滴
酯化反应	扑热息痛	工业	5g
	乙酰水杨酰氯丙酮溶液	自制	1/2上步得量
	氢氧化钠溶液	20%，自制	适量
精制	95%乙醇	CP	适量
	活性炭	工业	适量

五、实验步骤及方法

1. 卤置换反应——乙酰水杨酰氯的制备

在干燥[①]的100mL圆底瓶中，依次加入吡啶[②]2滴、阿司匹林[③]10g、氯化亚砜55mL，迅速装上球形回流冷凝器（顶端装有氯化钙干燥管，干燥管连有一导气管，可将导气管另一端通到水池）。置油浴上缓慢加热至70℃（在20min左右），维持浴温在（70±2)℃，反应1.5～2h，冷却，倾入干燥的50mL锥形瓶中，加无水丙酮10mL混匀，密封备用。

2. 酯化反应——扑炎痛的制备

在装有搅拌器、温度计的250mL三口烧瓶中，加入扑热息痛5g、水25mL。用冰水浴冷至10℃左右，在搅拌下滴加氢氧化钠溶液，调pH值10～11（可用滴管滴加）。加毕，保持温度在8～12℃之间，在搅拌下慢慢滴加上步制得的1/2量的乙酰水杨酰氯丙酮溶液（在30min左右滴完）。调pH≥10，控制温度在8～12℃之间，反应1～1.5h。然后抽滤，水洗至中性，得粗品。

3. 精制

将粗品放入装有回流冷凝器的250mL圆底瓶中，加入6～8倍量（W/V）95%乙醇，在水浴上加热溶解，稍冷后，加适量的活性炭脱色，加热回流30min，趁热抽滤，压干，用少量乙醇洗涤两次。干燥，测熔点。

六、结果与讨论

（1）根据记录的实验原始数据，计算贝诺酯的收率。

（2）讨论收率的影响因素。

七、注释

① 制备乙酰水杨酰氯时所用仪器均需干燥，加热时不能用水浴。

② 吡啶用量不能过多，制得的酰氯不能久置。

③ 阿司匹林原料在60℃干燥4h。

实验二十　盐酸普鲁卡因的制备与定性鉴别

盐酸普鲁卡因（procaine hydrochloride）是一种局部麻醉药，临床上主要用于浸润、脊椎和传导麻醉。其作用强，毒性小，且无成隐性，所以，应用非常广泛。

一、目的与要求

（1）了解盐酸普鲁卡因的合成路线与反应原理。

（2）掌握利用水与二甲苯共沸的原理，进行酯化脱水的操作技术。

（3）掌握用铁粉还原硝基的操作方法。

（4）掌握水溶性大的盐类用盐析法进行分离，并以水为溶剂的精制方法。

（5）学习小量试制产品的一般知识。

二、实验原理

盐酸普鲁卡因，化学名对氨基苯甲酸-β-二乙氨基乙酯盐酸盐，结构式为：

$$[H_2N-C_6H_4-COOCH_2CH_2N^+H(C_2H_5)_2]Cl^-$$

它是由普鲁卡因与盐酸作用生成。普鲁卡因的合成路线很多，本实验采用一步酯化法，即由对硝基苯甲酸与二乙氨基乙醇[①]进行酯化反应，生成对硝基苯甲酸二乙氨基乙酯（俗称硝基卡因），再经还原得普鲁卡因。由于酯化反应是可逆反应，所以，利用共沸原理，使沸点较高的二甲苯带走酯化反应中生成的水，酯化这一可逆反应平衡不断被打破，使反应向生成物方向移动，达到提高产品收率的目的。此法原料价廉易得，反应步骤少，路线短、收率高。产品用水法提取，经济方便，目前，工业上主要采用此法。

有关反应式如下：

$$O_2N-C_6H_4-COOH + HOCH_2CH_2N(C_2H_5)_2 \xrightarrow[145℃]{二甲苯} O_2N-C_6H_4-COOCH_2CH_2N(C_2H_5)_2$$

$$\xrightarrow{Fe、H_2O、HCl} H_2N-C_6H_4-COOCH_2CH_2N(C_2H_5)_2 \xrightarrow[pH=5.5]{HCl} TM$$

本品为白色结晶或结晶性粉末，味微苦，熔点154～157℃。易溶于水，略溶于乙醇，微溶于氯仿。由于分子中含有酯键和芳伯氨基，所以易水解和氧化。在pH＜2.5或pH＞6.0的溶液中，水解加快；在碱性中较在酸性中易水解。温度和pH对氧化关系也很大，在酸性溶液中较稳定；在碱性溶液中易氧化，温度高氧化加快。所以，在实验中要严格控制各步的条件，按要求操作。

三、预习与思考

（1）查阅文献，找出所用试剂的理化性质，以及合成盐酸普鲁卡因的下列路线：①由对硝基苯甲酸钾盐与二溴乙烷为起始原料的路线；②由对硝基苯甲酸与乙醇进行酯化反应，再与二乙氨基乙醇进行酯交换反应的路线。从原料、成本、技术方法、收率等几个方面与本实验方法进行比较和评价。讨论路线改革在药物合成方面的重大意义。

（2）叙述共沸脱水的原理，并说明工业生产中，共沸脱水技术都应用在哪些方面？有什么优点？

（3）一般情况下，在多步合成反应中，从原料考虑，先用较便宜的试剂，后用较贵重的试剂。本实验中，二乙氨基乙醇是较贵的试剂，而为什么先酯化后还原呢？

（4）在硝基卡因的提取过程中，用盐酸酸化的目的是什么？得到的硝基卡因盐酸溶液，为什么还要用氢氧化钠中和至pH＝4.0～4.2？

（5）为什么此还原反应在40～50℃，pH＝4.0～4.2下进行？分析还原过滤后滤液的成分，说明为什么用硫化钠除去铁盐？

（6）叙述盐析法提取盐酸普鲁卡因的原理及优点，并说明盐析法在分离与提纯药品方面的应用。

(7) 说出定性鉴别方法的理论依据。

四、实验装置及药品

1. 实验装置

自行安装如下装置。

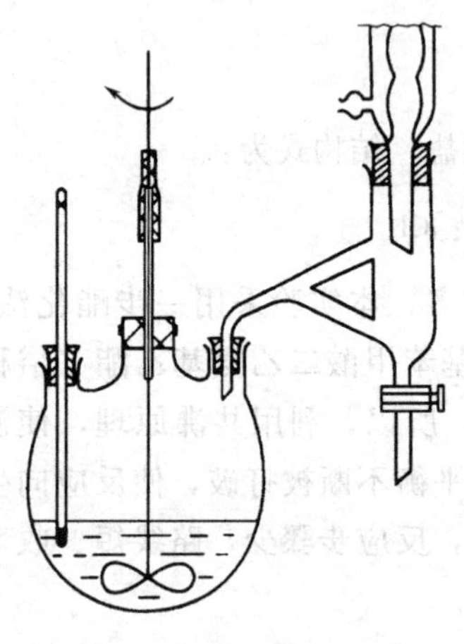

图 5-4　酯化反应装置

装置 1：带有搅拌器、温度计、分水器、回流冷凝器、500mL 三口烧瓶、油浴加热的反应装置，用于酯化反应，如图 5-4 所示。需要注意的是，分水器与三口烧瓶连接处最好用石棉绳或棉花保温，以防止水-二甲苯共沸物蒸气在未进入回流冷凝器之前冷却。

装置 2：带有 250mL 克氏蒸馏瓶、油浴加热的水泵减压蒸馏装置，用于蒸除酯化反应后剩余的二甲苯。

装置 3：带有搅拌器、温度计、500mL 三口烧瓶的反应装置，用于还原反应。

2. 药品

对硝基苯甲酸（工业品，含量 96%以上，含水<1%）、二乙氨基乙醇（化学纯）、二甲苯（化学纯）、还原铁粉、精制食盐、浓盐酸（化学纯）、保险粉（化学纯）、3%的盐酸溶液（自配）、20%的 NaOH 溶液（自配）。

五、实验步骤及方法

1. 对硝基苯甲酸二乙氨基乙酯（俗称硝基卡因）的制备

(1) 酯化　在装置 1 的反应器中投入对硝基苯甲酸 32g (0.19mol)、二甲苯 190mL[②]，开动搅拌，加入二乙氨基乙醇 19g (0.18mol)。用油浴或电热套缓慢加热，约 30min 升至 140～146℃（外温约 162～167℃），出现回流，继续搅拌反应，回流带水 6h[③]。停止反应，稍凉，把产物溶液转入锥形瓶中，冷却，析出固体物。

(2) 提取　将锥形瓶中产物溶液的上层清液转移至装置 2 的蒸馏瓶中[④]，加热、用水泵减压蒸出二甲苯，残液与锥形瓶中的固体合并，加入 210mL 3%的盐酸溶液，搅拌溶解，使未反应的对硝基苯甲酸析出，抽滤[⑤]。滤液用 20%的 NaOH 溶液调至 pH=4.0～4.2，待还原用。

2. 对氨基苯甲酸二乙氨基乙酯（普鲁卡因）的制备

(1) 还原　在装置 3 的反应瓶中加入上述所制得的硝基卡因盐酸溶液，在搅拌下于25℃分次加入[⑥]活化铁粉[⑦]，加入铁粉后，反应温度自动上升。保持在 40～45℃反应 2h，反应物的颜色由绿色逐渐变成棕色，最终变成黑色。若颜色不能变为棕黑色，则反应不完全，需适量补加铁粉，继续反应一段时间。

(2) 提取　还原反应结束，抽滤，滤渣用少量水洗两次。洗液与滤液合并，测 pH 值，并用稀盐酸酸化至 pH=5.0。再用饱和的硫化钠溶液调 pH=7.8～8.0，析出硫化铁沉淀，以除去反应物中的铁盐，抽滤，滤渣用少量水洗涤，洗液与滤液合并，用稀盐酸酸化至 pH=6.0。再加少量活性炭[⑧]于 50～60℃保温 10min，抽滤，滤渣用少量水洗一次，洗液与滤液合并，冷却至 10℃以下，用 20%氢氧化钠（或饱和碳酸钠溶液）碱化至普鲁卡因完全析出为止（此时 pH＝9.5～10），过滤，抽干[9]，滤饼供成盐用。

3. 盐酸普鲁卡因的制备

(1) 成盐　将上步制得的普鲁卡因（盐基）置于干燥的小烧杯中[10]，外用冰水浴冷却，慢慢滴加 15％盐酸到 pH＝5.5[11]，加热至 50℃，加精制氯化钠到饱和[12]，升温到 60℃，加适量的保险粉[13]，继续升温至 65～70℃，趁热抽滤，滤液冷却结晶，继续冷却至 10℃以下，抽滤，得盐酸普鲁卡因粗品。

(2) 精制　将粗品置于干燥的小烧杯中，滴加蒸馏水，维持内温 70℃，恰巧溶解为止[14]。加入适量保险粉，于 70℃保温 10min，趁热过滤。滤液自然冷却，当有结晶析出时，可用冰水浴冷却，使结晶完全析出，抽滤。滤饼用少量冷乙醇洗涤两次，抽干。在红外灯下干燥得成品。称量，测熔点：153～156℃。

4. 定性鉴别

(1) 取本品约 50mg，加稀盐酸 1mL，必要时缓缓煮沸使溶解，放冷。加亚硝酸钠试液（0.1mol/L）数滴，滴加碱性 β-萘酚试液数滴，产生橙黄色到猩红色沉淀。证明分子中有芳伯氨基存在。

(2) 取本品约 0.1g，加水 2mL 溶解后，加 10％的 NaOH 溶液 1mL，即产生白色沉淀。加热，变为油状物，继续加热，产生的蒸气使湿润的红色石蕊试纸变为蓝色。加热至油状物消失后，放冷，加盐酸酸化，即析出白色沉淀。

(3) 取本品 10mg，加稀硝酸 1mL，加硝酸银试液，即产生白色凝胶状沉淀。

六、结果与讨论

(1) 计算产品总收率。

(2) 如果产品收率低，可能有哪些原因引起，如何避免？

(3) 如果产品熔点范围较宽，说明什么问题，如何改进？

七、注释

① 在工业生产中，二乙氨基乙醇一般是自己生产。在实验室，需要时也可以自制。其反应式为：

$$ClCH_2CH_2OH + Ca(OH)_2 \longrightarrow \underset{\diagdown O \diagup}{CH_2CH_2} + CaCl_2$$

$$\underset{\diagdown O \diagup}{CH_2CH_2} + HN(C_2H_5)_2 \longrightarrow HOCH_2CH_2N(C_2H_5)_2$$

其制备方法如下：

将 54.4g 小块氧化钙加入装有温度计、搅拌器、冷凝器及导气管的 500mL 反应瓶中，加水 200mL 调成糊状，冷至室温，加入 33mL 氯乙醇，于搅拌下缓慢加热至 60℃（小心防止爆沸冲溢）。将生成的环氧乙烷气体导入已预热至 50℃的 78mL 二乙胺与 56mL 95％乙醇的混合液中，吸收瓶中的温度缓缓升至 65℃。待反应瓶内温度升至 90℃时，吸收瓶中无气泡产生，停止反应。水浴蒸除乙醇，残液倒入 50mL 蒸馏瓶中，于油浴上进行蒸馏，收集 161～165℃的馏分，即为二乙氨基乙醇。

② 醇与酸脱水生成酯和水的反应是可逆反应，这里利用二甲苯与水形成共沸的原理，将水移去，打破平衡，使酯化反应进行完全。在酯化反应中所用的仪器、原料必须预先干燥。

③ 酯化反应的时间生产上一般规定 19h。由于考虑教学实验的安排，在改进分水器的

条件下，将时间缩短为6h，也能达到实验室要求，如再延长时间，收率尚可提高。

④ 生产上酯化反应完成后，立即减压蒸去二甲苯再出料。在实验室条件下，如用油泵直接减压，则有溶剂易损耗、易堵塞等缺点。因此，改为先放冷使硝基卡因析出后，再以水泵减压蒸除溶剂，蒸出的二甲苯可以套用。

⑤ 未反应的对硝基苯甲酸必须除尽，否则影响产品质量。回收的对硝基苯甲酸经处理后可套用。

⑥ 该反应为放热反应，铁粉需分次加入，以免反应过于激烈。加入铁粉后温度自然上升，注意不得超过70℃，避免反应物分解。当反应高潮时，最好用水浴稍冷一下，但温度降得过低，会影响反应正常进行。

⑦ 市售的铁粉如果放置时间较长，表面易形成氧化层，影响还原效果，使用前需活化处理。活化方法如下：

在70g铁粉中加150mL水、1mL浓盐酸，加热至微沸，用水以倾泻法洗涤至中性，置水中保存，待用。

⑧ 在除去铁离子时，溶液中有过量的硫化钠存在，加酸后形成胶体硫析出，加活性炭可以将其滤除。

⑨ 粗品要尽量抽干，再放入干燥器中，以免氧化变色。

⑩ 因盐酸普鲁卡因在水中溶解度很大，所以必须严格控制用水量。尤其小量制备时，更应避免仪器中的水分带入。

⑪ 因普鲁卡因结构中有两个碱性中心，成盐时必须严格控制pH＝5.5（用精密pH试纸），使成盐完全，并防止芳氨基成盐。

⑫ 盐酸普鲁卡因的水溶性很大，利用盐析法使其从溶液中析出。精盐要加够，否则产品析出不完全，影响收率。

⑬ 保险粉为强还原剂，可防止芳氨基被氧化，其用量约为滤饼重的1%。

⑭ 精制所用水量不能过多或过少，以免影响产品收率。

实验二十一　青霉素钾盐的酸化萃取与共沸结晶

一、目的与要求

（1）掌握酸化萃取的原理及操作方法。

（2）掌握共沸结晶原理及操作过程。

二、实验原理

青霉素是一种有机酸，很容易溶于醇、酮、醚和酯类等有机溶剂，在水中的溶解度很小，且迅速丧失其抗菌能力。其盐易溶于水、甲醇等，而几乎不溶于乙醚、氯仿或乙酸戊酯，微溶于乙醇、丁醇、酮类或乙酸乙酯中，但如果此类溶剂中含有少量水分，其在该溶剂中的溶解度就大大增加。

青霉素钠盐的吸湿性较强，其次为铵盐，钾盐的吸湿性最弱，因此青霉素工业盐均为钾盐，其生产条件要求较低，易于保存。但青霉素钾盐在临床的肌肉注射中较疼，而青霉素钠盐的疼痛感较轻。因此，临床应用中，需将青霉素钾盐转化为钠盐。

青霉素只能以某种状态存在时，才能从水相转移到酯相，或从酯相转入水相。所以选择合适的pH值，使其处于合适状态是十分关键的。如pH＝2.0～2.2时青霉素以游离酸状态由水相转移至丁酯相，而在 pH＝6.8～7.2 时以成盐状态由酯相进入缓冲液（水相）。另外 pH 值还影响分配系数 K 值的大小和抗生素的破坏程度，进而影响到收率与产品质量。pH 过低，青霉素会降解为青霉烯酸；过高时，会生成青霉噻唑酸。在生产中，应控制 pH 为 2.0～2.2。

三、预习与思考

(1) 在青霉素钾的酸化萃取过程中，钾盐的酸化和加入乙酸丁酯进行萃取的操作次序如何？为什么？

(2) 本实验中最容易发生的工艺问题有哪些？如何解决？

(3) 萃取结束后加入丁醇的目的是什么？加入量根据什么确定？

(4) 旋转蒸发器的工作原理及安装、使用方法。

四、实验装置及药品

1. 实验装置

装置 1：萃取装置，用以萃取青霉素酸。

装置 2：旋转蒸发装置，用以青霉素共沸结晶。

2. 实验药品

硫酸（10%，自配）、青霉素钾盐（工业级）、乙酸丁酯（化学纯）、碳酸钾（30%，自配）、精密试纸（pH0.8～2.4、pH5.4～7.0）。

五、实验步骤

1. 酸化

(1) 用天平称量 20g 青霉素钾盐，放入烧杯中。在磁力搅拌器下，加入 50mL 的蒸馏水①溶解。溶液呈透明，无颗粒②。加入 20mL 的乙酸丁酯③，调大搅拌速度。滴加 10%的硫酸，注意加入速度一定要缓慢，以白色絮状物质不产生为宜。用试纸测 pH，在 2.0 左右结束。移入分液漏斗中，静置 5min。将重相分入烧杯中，轻相入另一烧杯中。

(2) 重相计量体积，并做好记录。加入 20mL 的乙酸丁酯，进行第二次萃取。再次记录重相体积。将重相 pH 值调至中性，倒入下水道。

(3) 收集两次轻相，计量体积。

2. 反萃取

在磁力搅拌器下，向轻相中，滴加 30%的碳酸钾溶液，缓慢加入。不断用试纸，测量水相 pH 值，在 6.8 左右。移入分液漏斗中，静置 5～10min。将重相分入烧杯中，轻相倒入回收瓶中。重相加入 20mL 乙酸丁酯，形成稀释液。

3. 减压共沸

(1) 将稀释液转移到 250mL 圆底烧瓶内，用 10mL 的丁醇，洗涤一次。将洗涤液加入到圆底烧瓶内。开真空泵，调节真空度在 0.095MPa。调节旋转蒸发器在适宜转速，使液体在瓶内形成薄膜。注意，不能转速太快。调节加热温度在 40～50℃之间。

(2) 注意观察液体的澄明度，发现有浑浊时，立即调低转速。养晶 5min。

(3) 养晶结束后，加入 10mL 的丁醇。继续蒸馏 15min。注意保持液体量。

(4) 停止加热。放掉真空。进行真空抽滤，干燥。

六、结果与讨论

(1) 收率如何计算？

(2) 结合萃取相关内容，考虑实验室与大生产中有何不同？

(3) 结晶与重结晶的作用有何不同？如何判断结晶终点？

七、注释

① 严禁用不合格的注射用水溶解青霉素钾工业盐。

② 青霉素钾工业盐必须溶解完全，严禁溶解液发白或有颗粒。

③ 溶解过程中，尽量缩短溶解时间，溶解完后立刻进行萃取。

第三节 生物制药实验技术

实验二十二 菠菜色素的提取和分离

一、目的与要求

(1) 掌握柱色谱、薄层色谱的原理。

(2) 学会根据化合物的特性选择合适的展开剂，并进行色谱操作。

(3) 学会利用色谱技术分离和鉴定微量有机物。

二、实验原理

绿色植物（如菠菜叶）中含有叶绿素（绿色）、胡萝卜素（橙色）和叶黄素（黄色）等多种天然色素。叶绿素存在两种结构相似的形式即叶绿素 a（$C_{55}H_{72}O_5N_4Mg$）和叶绿素 b（$C_{55}H_{70}O_6N_4Mg$），其差别仅是叶绿素 a 中一个甲基被甲酰基所取代从而形成了叶绿素 b（见图 5-5）。它们都是吡咯衍生物与金属镁的络合物，是植物进行光合作用所必需的催化剂。植物中叶绿素 a 的含量通常是 b 的 3 倍。叶绿素溶于醚、石油醚等一些非极性的溶剂。

胡萝卜素（$C_{40}H_{56}$）是具有长链结构的共轭多烯（见图 5-6）。它有三种异构体，即 α-胡萝卜素、β-胡萝卜素和 γ-胡萝卜素，其中 β-胡萝卜素含量最多，也最重要。在生物体内，β-胡萝卜素受酶催化氧化形成维生素 A（见图 5-7）。目前 β-胡萝卜素已可进行工业生产，也可作为食品工业中的色素。胡萝卜素是脂溶性的抗氧化剂，对眼球、肺等微血管组织较多的部位有保护作用，故在临床上有广泛的应用。

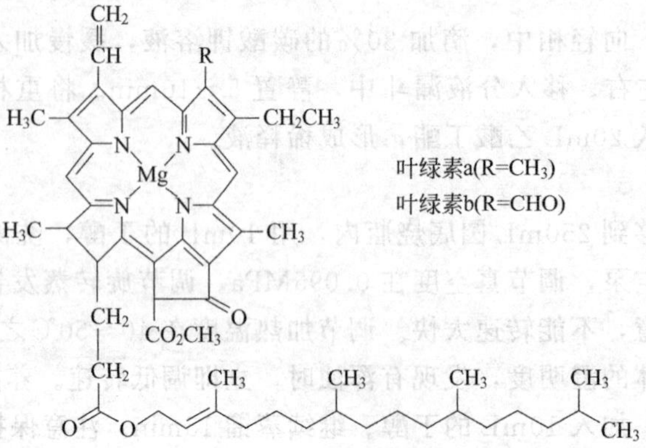

叶绿素a($R=CH_3$)

叶绿素b($R=CHO$)

图 5-5 叶绿素结构

叶黄素（$C_{40}H_{56}O_2$）是胡萝卜素的羟基衍生物，它在绿叶中的含量通常是胡萝卜素的两倍。叶黄素具有特异的抗氧化性能，在保健食品及药品领域应用广泛。与胡萝卜素相比，

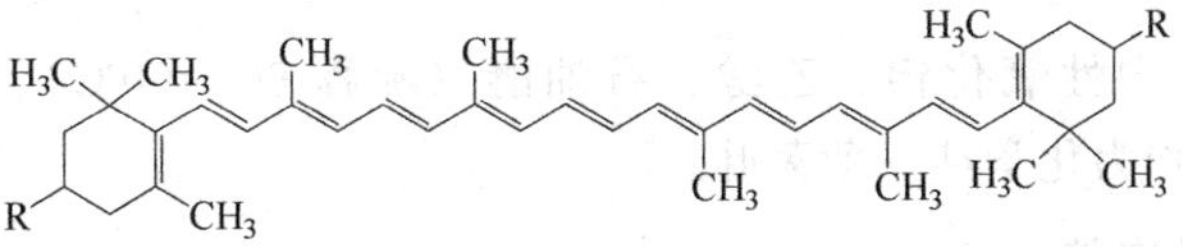

图 5-6　β-胡萝卜素（R＝H）和叶黄素（R＝OH）结构

叶黄素较易溶于醇而在石油醚中溶解度相对较小。

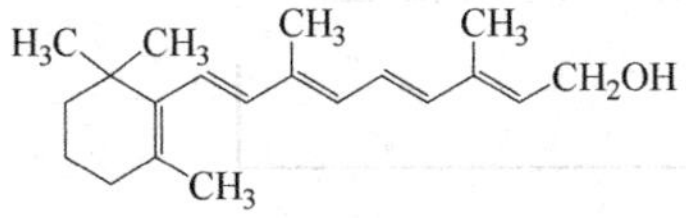

图 5-7　维生素 A 结构

本实验先根据各种植物色素的溶解度情况将胡萝卜素（橙）、叶黄素（黄）、叶绿素 a 和叶绿素 b 从菠菜叶中提取出来，然后根据各组分物理性质的不同用色谱法进行分离和鉴定。

色谱法是分离、提纯和鉴定有机化合物的重要方法。其分离原理是利用混合物中各个成分的物理化学性质的差别，当选择某一个条件使各个成分流过吸附剂时，各成分可由于其物理性质的不同而得到分离。与经典的分离提纯手段（重结晶，升华，萃取和蒸馏等）相比，色谱法具有微量、快速、简便和高效等优点。按其操作不同，色谱可分为薄层色谱、柱色谱、纸色谱、气相色谱和高压液相色谱等。在此，该试验采用薄层色谱和柱色谱。

1. 薄层色谱原理

薄层色谱又称薄层层析（Thin Layer Chromatography，TLC），属于固-液吸附色谱。由于混合物中的各个组分对吸附剂（固定相）的吸附能力不同，当展开剂（流动相）流经吸附剂时，发生无数次吸附和解吸过程，吸附力弱的组分随流动相迅速向前移动，吸附力强的组分滞留在后，由于各组分具有不同的移动速率，最终得以在固定相薄层上分离。在条件完全一致的情况，纯净的有机化合物可以在薄层色谱中呈现一定的移动距离，称比移值（R_f 值），所以利用 TLC 可以鉴定化合物纯度或确定两种性质相似的化合物是否为同一物质（采用标准品来做对比）。薄层色谱应用主要有：跟踪反应进程；鉴定少量有机混合物的组成；分离提取；寻找吸附柱色谱的最佳分离条件（柱色谱“预试”）等。

2. 柱色谱原理

参见第二章第三节“六、色谱技术”相关内容。液体样品从色谱柱顶加入，流经吸附柱时，即被吸附在柱中固定相（吸附剂）的上端，然后从柱顶加入流动相（洗脱剂）淋洗，由于固定相对各组分吸附能力不同，以不同速度沿柱下移，吸附能力弱的组分随洗脱剂（或展开剂）首先流出，吸附能力强的组分相对滞后流出，然后可以采用分段接收的方法来收集，以此达到分离、提纯化合物的目的。柱色谱技术可以进行产业放大，故可对有机化合物进行制备，而柱色谱的操作条件可以由薄层色谱来确定。

三、预习与思考

（1）查阅文献，进一步了解叶绿素、胡萝卜素和叶黄素的化学特性、提取方法及应用。

（2）预习色谱技术原理，会根据各组分理化性质的差异选择合适的展开剂并熟悉基本操作方法。

四、实验装置及药品

1. 实验装置

研钵、布氏漏斗、圆底烧瓶、层析缸、玻璃色谱柱、旋转真空蒸发器。

2. 实验药品

硅胶G层析板、中性氧化铝、乙醇、石油醚（沸程60～90℃）、丙酮、丁醇、NaCl、无水Na_2SO_4，试剂均为化学纯。菠菜叶。

五、实验步骤及方法

1. 实验流程

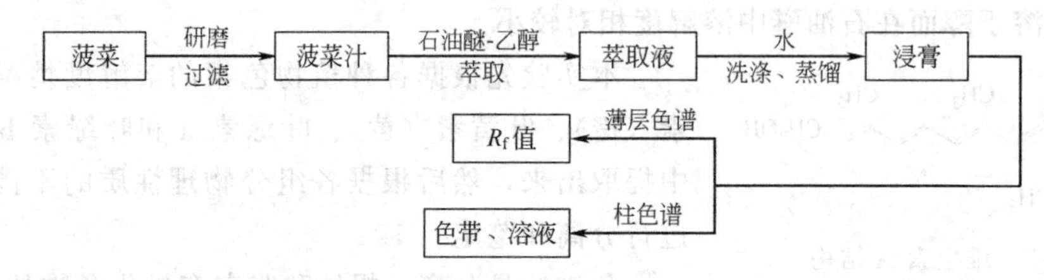

2. 菠菜色素的提取

取4g新鲜菠菜叶于研钵中拌匀研磨5min，残渣每次用15mL的石油醚-乙醇（体积比2∶1）混合液分别提取两次，提取时要搅拌，合并提取液并滤纸过滤。滤液转移到分液漏斗中，加入等体积的5% NaCl水溶液洗涤后弃去下层的水-乙醇层，石油醚层再用等体积的5% NaCl水溶液洗涤两次，以除去乙醇和其他水溶性物质。石油醚层用2g无水Na_2SO_4进行干燥20min左右并过滤，旋转真空浓缩滤液体积为2～4mL。薄层色谱点样剩余后做柱色谱分离。

3. 薄层色谱

(1) 点样　用内径小于1mm的毛细管点样。点样前，先用铅笔在薄层板上距一端1cm处轻轻画一横线作为起始线，然后用毛细管吸取样品，在起始线上小心点样，斑点直径不超过2mm；如果需要重复点样，则待前次点样的溶剂挥发后，方可重复点样，以防止样点过大过浓，造成拖尾、扩散等现象，影响分离效果。若在同一板上点两个样，样点之间距离在1～1.5cm为宜。待样点干燥后，方可进行展开。

注：叶绿素会出现两点（叶绿素a，叶绿素b）。叶黄素易溶于醇而在石油醚中溶解度小，从嫩绿叶中得到提取液，叶黄素会显略少。

(2) 展开和展开剂　预先配制展开剂，8∶2石油醚-丙酮（体积比）。薄层展开要在密闭的器皿（层析缸）中进行，加入展开剂高度为0.5cm。把带有样点的板（样点一端向下）放在展开器中，并与器皿成一定的角度。盖上盖子，当展开剂上升到离板的顶部约1cm处时取出，并立即标出展开剂的前沿位置，待展开剂干燥后，观察斑点在板上的位置并排列出胡萝卜素和叶黄素的R_f值的大小次序（叶绿素R_f值较小）。

(3) 显色　被分离物质如果是有色组分，展开后薄层板上即呈现出有色斑点。如果化合物本身无色，则可用碘蒸气熏的方法显色。还可使用腐蚀性的显色剂如浓硫酸、浓盐酸和浓磷酸等。对于含有荧光剂的薄层板在紫外光下观察，展开后的有机化合物在亮的荧光背景上呈暗色斑点。本实验样品本身具有颜色，不必在荧光灯下观察。

(4) R_f值　一个化合物在薄层板上上升的高度与展开剂上升高度的比值称为该化合物的R_f值：

$$R_f=\frac{\text{化合物移动的距离}}{\text{展开剂移动的距离}}$$

4. 柱色谱

(1) 在色谱柱中，加3cm高的石油醚。另取少量脱脂棉，先在小烧杯用石油醚浸湿，挤压以驱除气泡，然后放在色谱柱底部，轻轻压紧，塞住底部。将15g色谱用的中性氧化铝（150～160目），从玻璃漏斗中缓缓加入，小心打开柱下活塞，保持石油醚高度不变，流下的氧化铝在柱子中堆积。必要时用橡皮锤轻轻在色谱柱的周围敲击，使吸附剂装得均匀致密。柱中溶剂面由下端活塞控制，既不能满溢，更不能干涸。装完后，上面再加一片圆形滤纸，打开下端活塞，放出溶剂，直到氧化铝表面溶剂剩下1～2mm高时关上活塞（注意！在任何情况下，氧化铝表面不得露出液面）。

（2）将上述菠菜色素的浓缩液，用滴管小心地加到色谱柱顶部，加完后，打开下端活塞，让液面下降到柱面以上1mm左右，关闭活塞，加数滴石油醚，打开活塞，使液面下降，经几次反复，使色素全部进入柱体。

（3）待色素全部进入柱体后，在柱顶小心加洗脱剂——石油醚-丙酮溶液（9∶1，体积比）。打开活塞，让洗脱剂逐滴放出，色谱即开始进行，用锥形瓶分别收集。当第一个有色成分即将滴出时，取一锥形瓶收集，得橙黄色溶液，即胡萝卜素。用石油醚-丙酮（7∶3，体积比）作洗脱剂，分出第二个黄色带，即叶黄素。再用丁醇-乙醇-水（3∶1∶1，体积比）洗脱，分别在色谱柱上可见蓝绿色和黄绿色的两个色带，此为叶绿素a和叶绿素b，若时间允许，也可分别收集。

收集到各个色素均为粗产品，对各个色素合并或进一步纯化处理。

六、结果与讨论

（1）对薄层色谱中展开的斑点分析，并讨论如何利用R_f值来鉴定化合物。

（2）讨论薄层色谱法点样应注意些什么。对于无色的斑点，应用什么常规的方法可以使其显色。

（3）在采用吸附色谱柱分离组分时，具体操作应注意哪些问题，讨论在分离菠菜色素时为什么采用不同的有机溶剂来配比展开剂。

（4）通过查资料，讨论工业上是如何制备胡萝卜素和叶黄素。

实验二十三　赖氨酸的发酵和提取

Ⅰ．赖氨酸的发酵与工艺条件优选

赖氨酸是一种碱性氨基酸，是仅次于谷氨酸的第二大氨基酸产品，也是动物体内所必需的一种氨基酸，它可用于医药、食品和饲料添加等许多方面，用量很大，因此赖氨酸发酵是微生物工业中重要的项目之一。微生物工业生产中，优良的菌种是重要的，但是优良菌种的固有特性能否表达，还有待于外界条件。不同的条件，不仅影响菌种的生长发育，也影响代谢产物的积累。影响发酵过程的主要因素有温度、pH、通气量等。

一、目的与要求

通过赖氨酸发酵中的条件对比实验，预期达到以下目的。

（1）了解实验室布置与发酵过程。

（2）了解利用正交实验法优选工艺条件在生物制药中的应用。

（3）熟悉发酵中间检测项目及其方法。

（4）掌握培养基配比、灭菌以及发酵工艺条件的实验控制方法。

二、预习与思考

（1）依据正交实验设计法，选择合适的正交表，制定出实验安排和记录表。

(2) 根据"微生物"、"发酵技术"等相关课程，了解微生物发酵的基本原理，以及赖氨酸发酵的原理。

(3) 本实验操作中怎样控制温度、pH 值、溶氧量等因素？若控制不当对实验有什么影响？

三、实验装置及药品

(1) 实验仪器　500mL 锥形瓶，试管，100mL、500mL 量筒，1000mL 烧杯或搪瓷缸，灭菌 5mL 吸管，天平，光电比色计。

(2) 原料　赖氨酸产生菌种子液、葡萄糖、K_2HPO_4、$MgSO_4 \cdot 7H_2O$、$(NH_4)_2SO_4$、$CaCO_3$、玉米浆、豆饼水解液、尿素。

(3) 试剂　1mol/L 及 3mol/L HCl 溶液；85%浓磷酸。

茚三酮试剂：15g 茚三酮溶于 100mL 甲基乙二醇甲醚中。

标准赖氨酸盐酸盐溶液（100μg/mL）：用 3mol/L 的 HCl 酸化至 pH3.0，在冰箱中可保存 1 个月。

蒽酮试剂：①95% H_2SO_4 1000mL 溶于 50mL 蒸馏水中；②0.2%蒽酮（当天配制当天使用），称取 0.2g 蒽酮溶于 100mL 95%的 H_2SO_4 中。

(4) 其他　纱布、线绳、防潮纸、精密 pH 试纸。

四、实验步骤及方法

1. 实验设计

以不同的温度、pH 值、溶氧量等为考查因素，设计以下几个水平：

(1) 温度　可以取 28℃、32℃、35℃三个水平。

(2) pH 值　可以取 pH＝6、pH＝7.5、pH＝8 三个水平，再考虑加 $CaCO_3$ 及发酵过程中调节 pH 等影响因素。

(3) 溶氧量　摇瓶实验中，可以从两方面进行调节，一是在一定的偏心距下，固定摇瓶的装量调节转速；二是固定转速，调节摇瓶的装量，以后者应用较多，例如，500mL 锥形瓶装 100mL、50mL、20mL 等多个水平。

本实验视当时的实验条件，选择 1～3 个因素。每个因素选择 2～3 个水平，每个水平设 3 个重复，制定出实验方案。

2. 根据设计方案，配制相应的培养基

其中一种培养基的配比是：工业葡萄糖 100g、K_2HPO_4 1g、$MgSO_4$ 0.5g、$(NH_4)_2SO_4$ 12g、玉米浆 30g、尿素 10g、豆饼水解液 5mL、$CaCO_3$ 4g、自来水 1000mL，调 pH＝7.5。

① 作 pH 的对比实验时，按上述的培养基不加 $CaCO_3$，然后调节到不同的 pH。在发酵过程中需要继续保持一定 pH，则应在 8～12h 的间隔测定一次，并用灭菌的 0.1mol/L NaOH 或 0.1mol/L HCl 进行 pH 调节。

② 作通气状态的对比实验时，如进行不同的装量实验，则在相同的培养基配比中，分别装不同的量。对转速不同的实验，则按需要设计几种水平，如 220r/min，200r/min，180r/min。

3. 接种

按要求做好培养基后，以 180～200kPa 的蒸汽灭菌 30min，然后以种子液接种，接种量为 10%。接种后各水平重复取出 2mL，放入空试管，储于冷库作测定对照。

4. 振荡

按不同要求调好摇床室温度、摇床转速，放入摇瓶，开机振荡。

5. 发酵与测试

发酵过程中，进行测定，以便比较各组实验的差别，并用文字和图表加以说明。测定的项目可按需要有所不同，本实验仅测定菌浊度、残糖、pH 和赖氨酸量。由于实验条件限制，只能每 12h，在无菌操作下取出发酵液 2mL，放入试管，储于冷库中。共有 12h、24h、36h、48h、60h、72h 及对照七次样品。

(1) 菌浊度测定　发酵液 1mL 加蒸馏水 5mL（发酵液含有 $CaCO_3$ 时，则加 1mol/L HCl 溶液 1mL，加蒸馏水 4mL），对照样亦相同稀释。波长 620nm，光电比色计（或分光光度计）测 OD 值。

(2) 残糖量测定（蒽酮法）　蒽酮法是将发酵液适当稀释（如 2000～100 倍），吸取 2mL 样品放入试管中，从管壁缓慢加 4mL 0.2% 的蒽酮溶液，摇匀后，在沸水浴中显色 15min，立即用冷水冷却（也可以在室温下放置 15min）进行比色。波长 620nm。空白以水代替样品。记录 OD 值，查糖的标准曲线，计算糖的含量。

(3) 标准曲线的制作　准确称取烘干的葡萄糖 0.0100g，溶解后定容 100mL，每毫升含糖 100μg。然后以此浓度稀释成 80μg、60μg、20μg、10μg、5μg 等不同浓度。按上法进行比色，以浓度为横坐标，OD 值为纵坐标制作标准曲线。

(4) pH 测定　用酸度计测定。

6. 赖氨酸测定

(1) 测定方法　样品预先稀释至含赖氨酸 20～100μg/mL（在此范围内成直线关系）。在装有回流冷凝的玻璃盖头的 10mL 试管中加入 0.3mL 样品，再加入 0.2mL 的 3mol/L HCl 和 0.5mL 茚三酮溶液。然后将试管置于水浴中煮 1h，冷却至室温，加入 3mL 浓磷酸，用 515nm 波长的分光光度计测定光密度 OD 值，与标准赖氨酸的 OD 值比较。

(2) 标准样品　每次做三个标准样。将赖氨酸盐酸盐（100μg/mL）标准溶液以不同量分别注于三个试管中。第一个试管中加 0.1mL 标准溶液和 0.2mL 水，第二个试管加 0.2mL 标准溶液和 0.1mL 水，第三个试管中加 0.3mL 标准溶液，分别测定 OD 值。样品照标准样品方法同样操作。

(3) 计算　按下式进行计算：

$$c_{样品}=\frac{XE_{样品}\sum c_{标准}}{\sum E_{标准}}$$

式中　$\sum c_{标准}$——标准赖氨酸溶液中赖氨酸的总浓度，如本例为 10＋20＋30＝60μg/mL；

$\sum E_{标准}$——三个试管中标准样品的总光密度值；

$E_{样品}$——稀释样品的光密度测定值；

X——样品的稀释倍数；

$c_{样品}$——样品中的赖氨酸浓度，μg/mL。

五、结果及讨论

(1) 对不同条件下的样品赖氨酸浓度进行对比，判断影响赖氨酸发酵的主要条件。

(2) 通过本实验，学会应如何控制微生物发酵的实验条件？

Ⅱ. 赖氨酸的提取

一、实验目的

(1) 了解离子交换法在提取发酵产品中的应用。

(2) 掌握离子交换法提取赖氨酸的实验操作技术。

二、预习与思考

(1) 叙述离子交换法进行物质提取的原理和操作过程。

(2) 本实验采取的是什么离子交换法进行提取?

(3) 预习物质的各种提纯技术，掌握物质的吸附、真空浓缩、结晶分离的基本操作。

三、实验装置与药品

(1) 仪器　离子交换柱、玻璃棒、漏斗、500mL 烧杯。

(2) 原料　赖氨酸发酵液。

(3) 试剂及其他　2mol/L NaOH 溶液、滤纸、阳离子交换树脂（732＃)、2mol/L NH_4Cl 溶液、4% NaOH 溶液、6% HCl 溶液、2mol/L 氨水、茚三酮试剂。

四、实验步骤及方法

1. 发酵液的预处理

赖氨酸发酵中以 $CaCO_3$ 为缓冲剂时，溶液中钙离子可达到 0.2～0.3mol/L 以上，影响离子交换树脂的吸附量，需用草酸除去发酵液中的钙离子。先用草酸调节发酵液 pH 至 2～3，此时沉淀生成完全，搅拌 0.5h（工厂常搅 1～2h)。

2. 菌体分离

用大管离心机 4000r/min 分离 20min，清液倾入烧杯，湿渣用少量水清洗后，离心分离。合并两次上清液。或先用滤纸过滤除去草酸钙后再离心。如果进行离子交换时采用反吸附，可以只过滤不必离心。

3. 离子交换吸附及洗脱

(1) 732＃强酸阳离子交换树脂的预处理　先用 1mol/L 的 NaOH 处理 3 次，每次 10min 左右，然后用水洗成中性，再用 1.6mol/L HCl 处理 3 次，每次 3min 左右，洗成中性，然后加 2mol/L NH_4Cl 处理，使其成 NH_4^+ 型，用去离子水洗成中性备用。

(2) 离子交换　预处理后的发酵液正交换或反交换缓慢通过离子交换柱，不断检查出口料液 pH 值，并用茚三酮试剂检测，当 pH 达到 5 时，即赖氨酸达到饱和，停止上柱。

(3) 水洗　赖氨酸在树脂上亲和力较大，固可充分水洗，至夹杂的蛋白质、菌体及其他氨基酸被充分洗清为止，pH 洗至中性。

(4) 洗脱　可用 2～3mol/L 的氨水或用高浓度（15%～20%）的氨水，也可用 2mol/L 氨水加 2mol/L NH_4Cl 洗脱，分段收集，可用茚三酮试剂检测，收集最集中的一段。

(5) 真空浓缩　65℃浓缩至 22%～23%，并可驱除氨。

(6) 中和结晶　浓缩液在 50～60℃左右，边搅拌边加入 HCl 溶液，持续搅拌至 pH5.2（赖氨酸盐酸盐的等电点)，然后自然冷却结晶，时间约 2h，最好在 5℃左右使结晶完全。

(7) 离心分离，脱色重结晶，干燥（60℃)。

五、结果与讨论

(1) 根据样品中的赖氨酸含量，计算赖氨酸的提取收率。

(2) 实验操作过程中，为什么用无盐水洗涤树脂柱出口 pH 至中性？若没有洗至中性对实验结果有什么影响？

实验二十四　酵母核糖核酸的提取及测定

一、目的与要求

(1) 学会采用浓盐酸法从酵母中提取 RNA 的原理和操作方法。

(2) 了解核酸的组分，并掌握鉴定核酸的方法。

二、实验原理

酵母是工业上大量生产核酸的最为理想的微生物，因为酵母菌核酸中主要是 RNA (2.67%～10.0%)，DNA 很少 (0.03%～0.516%)，菌体容易收集，RNA 也易于分离。此外，抽提后的菌体蛋白质还具有很高的利用价值。

RNA 提取过程是先使 RNA 从细胞中释放，并使它和蛋白质分离，然后将菌体除去，再根据核酸在等电点溶解度最小的性质，将 pH 调到 2.0～2.5，使 RNA 沉淀，进行离心收集。

工业生产上常用的是稀碱法和浓盐法提取 RNA。前者利用碱使细菌细胞壁溶解，使 RNA 释放出来，但 RNA 在此条件下容易分解；后者是在加热条件下，利用高浓度的盐改变细胞膜的通透性，使 RNA 释放出来，此法易掌握，产品色泽较好。用浓盐法提取 RNA 时应注意掌握温度，避免在 20～70℃之间停留时间过长，因为这是磷酸二酯酶和磷酸单酯酶作用活跃的温度范围，会使 RNA 因降解而降低提取率，利用加热，至 90～100℃使蛋白质变性，破坏该类酶，有利于 RNA 的提取。本实验采用浓盐法 (10% NaCl 溶液)。

核酸不论是 DNA 还是 RNA，都是由核苷酸组成的多聚核苷酸化合物，而核苷酸是由糖、碱基和磷酸构成。

要测定生物体内核酸的含量或者测定提取出来的核酸含量，只需测定组成核苷酸的一种成分，如磷、糖或碱基，便可计算出核酸的含量。因为核酸分子中这三个组分是以等分子比例存在的，即每一个嘌呤或嘧啶分子都是与一分子戊糖及一分子磷酸相连接的，所以只要测出其中任何一组分的含量即可求出核酸的含量。

本实验采用紫外吸收法来测定核酸含量。因为核酸的组成成分嘌呤碱及嘧啶碱具有强烈的紫外吸收，最大吸收在 260mm 处，利用此特性可以对核酸进行定量测定。该法简单、快速、微量，但易受蛋白质及含有共轭双键物质的干扰。

三、预习与思考

(1) 查阅有关资料了解提取 RNA 的各种方法，并对各种方法进行比较，说明各有什么特点？

(2) 本实验多次应用离心沉淀，在操作时应注意什么？

(3) 生化实验中 pH 值的控制要求严格，实验中怎样进行调节，试找出控制 pH 规律。

四、实验装置及药品

(1) 实验材料　干酵母 (安琪牌)，精密试纸 pH 0.5～5.0。

(2) 实验仪器　量筒（50mL）、具塞试管（15mL×2）、锥形瓶（100mL）、容量瓶（25mL×1、50mL×2）、烧杯（250mL×1、100mL×1、50mL×1、10mL×1）、表面皿（6cm×1）、滴管、玻璃棒、移液管、烘箱、离心机、药物台秤、分析天平。

(3) 实验药品　10% NaCl；6mol/L HCl；95%乙醇（分析纯）；5%～6%的氨水；RNA沉淀剂：取0.5g钼酸铵，加水193mL，加7mL 70%过氯酸（70%过氯酸即高氯酸，原液浓度即是70%），总体积200mL。

五、实验步骤及方法

1. 提取

称取5g干酵母，倒入锥形瓶中，然后量取50mL 10%NaCl溶液，倒入锥形瓶，用力摇振几下，小心放入沸水浴中，提取0.5h。

2. 分离

将上述提取液取出，用自来水冷却，转入离心管，以3500r/min离心20min，使提取液及菌体残渣等分离。

3. 沉淀RNA

将离心得到的上清液，小心倾倒于50mL烧杯中，并置于冰浴上冷却，待溶液冷至10℃以下后，于冰浴中，在搅拌下（注意不要过分剧烈）小心地用6mol/L HCl调节pH至2.0～2.5。随着pH下降，溶液中白色沉淀逐渐增加，到等电点时沉淀量最多（注意严格控制pH），调好后继续于冰水中放置10min使沉淀充分，颗粒变大。

4. 洗涤纯化

上述悬浮液小心转入离心管，以3000r/min离心10min，得到RNA沉淀。小心倾去上清液，直接于离心管中用95%乙醇洗涤RNA沉淀三次，每次用5～10mL乙醇，充分搅拌洗涤。然后以3000r/min离心5～10min。由于RNA不溶于乙醇，用乙醇洗涤不仅可脱水，使沉淀物疏松，便于过滤，干燥，而且可除去部分脂溶性物质及色素等杂质，提高了制品的纯度。

5. 干燥

用牛角勺仔细将洗涤后的RNA沉淀从离心管内挖出涂布于事先将边缘折起成框的硫酸纸上（此硫酸纸要预先用分析天平称重并记录数据），涂布均匀后小心置于80℃烘箱内5min左右，使沉淀充分干燥。

将干燥后的RNA制品连同硫酸纸一并准确称重，尔后小心将RNA制品的大部分转移至一小烧杯中，将硫酸纸及残余RNA制品再次称重，记录下所有数据，以求得RNA总制品重量及定量样品重量，用以计算RNA含量。

6. 含量测定（紫外分光光度法）

采用比消光系数法，比消光系数是指单位浓度的核酸溶液的消光值A_{260}（1μg/mL RNA的消光值），本实验给定$A_{260}=0.022$。

测定步骤：将在第5步中所得的转至小烧杯中的定量RNA样品中加1～2滴蒸馏水，用玻璃棒调成糊状，调匀后再加入少量蒸馏水使之溶解，尔后用5%氨水小心调pH至7.0，最后转入25mL容量瓶，用蒸馏水定容（此为被测样品体积）。

取2支试管，按下表操作：

管号	RNA 液	H_2O	沉淀剂
A	5mL	5mL	—
B	5mL	—	5mL

摇匀，冰浴 20min，然后转入离心管 3500r/min 离心 10min，小心留取上述清液，各取 0.5mL 置于 50mL 容量瓶中，用蒸馏水定容，然后用其中一个做标准空白液（自己判断）在紫外分光光度计上测定 E_{260} 值。

六、实验数据处理及结果计算

1. 原始数据

称取酵母片(样品量)$m=5\text{g}$

空白硫酸纸　$m_1=$

总制品＋纸　$m_2=$

残余制品＋纸　$m_3=$

比消光系数　$A_{260}=0.022$

测定消光值　$E_{260}=$

2. 计算数据

总制品量　$G_1=$

定量样品量　$G_2=$

3. 结果计算

(1) $\text{RNA 含量}=\frac{E_{260}}{A_{260}}\times V\times D\times\frac{1}{G_2}\times 100\%$

式中　V——被测样品体积，mL；

D——样品测定时的稀释倍数。

(2) $\text{RNA 提取率}=\frac{\text{RNA 含量}\times G_1}{m}\times 100\%$

七、结果及讨论

(1) 在用紫外分光法测定含量时，为什么要固定测定液的 pH 值，若 pH 值不固定，会影响测定结果吗？为什么？

(2) 在测定中，加钼酸铵-过氯酸沉淀剂的作用是什么？离心除去沉淀后，其上清液为什么需要稀释 100 倍？

实验二十五　牛奶中酪蛋白和乳蛋白素粗品的制备

一、目的与要求

(1) 掌握盐析法和等电点沉淀法的原理。

(2) 会盐析法及等电点沉淀法制备酪蛋白和乳蛋白的实验操作。

二、实验原理

乳蛋白素（α-lactalbumin）广泛存在于乳品中，是乳糖合成所需要的重要蛋白质。牛奶中主要的蛋白质是酪蛋白（casein），酪蛋白在 pH4.8 左右会沉淀析出。而乳蛋白素在 pH3 左右才会沉淀。利用这一性质，可先将 pH 降至 4.8，或是在加热至 40℃的牛奶中加硫酸钠，将酪蛋白沉淀出来。酪蛋白不溶于乙醇，这个性质被利用从酪蛋白粗品中除去脂类杂质。将去除掉酪蛋白的滤液的 pH 调至 3.0 左右，能使乳蛋白素沉淀析出，部分杂质可随澄清液除去。再经过一次 pH 沉淀后，即可得到粗乳蛋白素。

三、预习与思考

（1）为什么制备酪蛋白时先要将牛奶加热？

（2）将制备的酪蛋白粗品沉淀悬浮于乙醇中的作用是什么？

（3）在等电点沉淀法制备乳蛋白素时，为什么要反复用碱和酸调 pH？

（4）生物物质分离方法中沉淀分离法是最常用的分离方法，其原理和特点与其他分离方法有什么不同？

（5）独立查阅资料，设计实验方案，并对实验所需的各种药品、玻璃仪器及分析设备列出清单，写出详尽的试验过程和要求。

四、实验装置及药品

（1）仪器　烧杯，玻璃试管（10mm×10mm），离心管 50mL，磁力搅拌器，pH 计，离心机。

（2）药品　牛奶，无水硫酸钠，0.1mol/L HCl（自配），0.1mol/L NaOH（自配），pH 试纸，浓盐酸，0.2mol/L 的乙酸-乙酸钠缓冲溶液（pH 为 4.6，自配），乙醇（化学纯）。

五、实验步骤

1. 盐析法或等电点沉淀法制备酪蛋白

（1）将 50mL 牛奶倒入 250mL 烧杯中，于 40℃水浴中加热并搅拌。

（2）在搅拌下缓慢加入 10g 无水硫酸钠（约 10min 内分次加入），之后再继续搅拌 10min（或加热到 40℃，再在搅拌下慢慢地加入 50mL 40℃左右的乙酸-乙酸钠缓冲溶液，直到 pH 达到 4.8 左右，可以用酸度计调节）。将上述悬浮液冷却至室温，然后静置 5min。

（3）将溶液过滤，分别收集沉淀和滤液。将上述沉淀悬浮于 30mL 乙醇中，倾于布氏漏斗中，过滤除去乙醇溶液，抽干。将沉淀从布氏漏斗中移出，在表面皿上摊开以除去乙醇，干燥后得到酪蛋白。准确称量。

2. 等电点沉淀法制备乳蛋白素

（1）将操作步骤 1 所得的滤液置于 100mL 烧杯中，一边搅拌，一边利用 pH 计以浓盐酸调整 pH 至 3.0±0.1。

（2）6000r/min 离心 15min，倒掉上清液。

（3）在离心管内加入 10mL 去离子水，振荡，使管内下层物重新悬浮，用 0.1mol/L NaOH 溶液调整 pH 至 8.5～9.0，此时大部分蛋白质均会溶解。

（4）6000r/min 离心 10min，将上清液倒入 50mL 烧杯中。

（5）将烧杯置于磁力搅拌器上，一边搅拌，一边利用 pH 计用 0.1mol/L HCl 调整 pH

至3.0±0.1。

(6) 6000r/min离心10min，倒掉上清液。沉淀取出干燥，并称重。

六、结果与讨论

(1) 计算出每100mL牛奶中所制备出的酪蛋白数量，与理论产量(3.5%)相比较。

(2) 讨论影响收率的因素。

第六章　研究开发实验

实验二十六　2,6-二叔丁基对苯醌合成工艺开发

一、目的与要求

醌类化合物由于其特殊的结构，使其在染料、颜料、医药等的合成中有广泛的应用。2,6-二叔丁基对苯醌，即2,6-DTBQ，是一种新型降压药的中间体。

醌类化合物一般由相应的酚类、芳胺类等氧化而得到。传统的方法有两种，即非均相催化氧化法（气相催化氧化法）和化学氧化剂氧化法。前者通常用钒和钼等过渡金属氧化物为催化剂，在列管式或流化床中高温高压下进行，对设备及催化剂要求都较高，工艺控制复杂，投资大；后者常用的氧化剂有重铬酸盐、硝酸、高价铁盐、氧化银、卤素、亚硝基二磺酸钾盐等，该方法存在腐蚀严重、副产物多、污染环境、后处理繁琐等不足，有的甚至原料贵重或者收率低等，均不理想。在这种情况下，有必要研究一种新的经济、高效、清洁的生产方法。

经过查阅文献和分析对比，拟采用均相络合催化氧化法。此法以自行研制的钴络合物为催化剂，利用氧气在常压下直接氧化而得。与其他方法比较，该法具有下列优点：①原料（氧气等）来源丰富、价格便宜，品种少；②设备简单、操作简便、控制条件温和、产品收率高且质量亦好；③投资少、成本低；④副产物少、三废处理较容易，满足环保要求等优点。所以该法具有很好的工业化前景。但其具体技术在文献中很少报道，需要做大量的研究开发工作。

通过本开发实验预期达到以下目的：

(1) 了解新产品开发的过程和基本方法；

(2) 了解络合物催化剂的制备方法以及络合催化氧化法在醌类化合物合成中的应用；

(3) 了解正交实验设计法在开发工作中的应用；

(4) 掌握均相络合催化氧化法合成2,6-DTBQ的操作技术与产品提纯技术；

(5) 学会对实验项目进行评估，以及科技论文的撰写方法。

二、实验原理

水杨醛与乙二胺在乙醇中进行亲核反应，得到N,N'-二水杨醛缩乙二亚胺，后者与氯化亚钴、氢氧化钠的水溶液反应得含结晶水的钴络合物，加热脱水即得络合催化剂双（水杨基）乙二亚胺钴。

反应式如下：

$$2\,C_6H_4(CHO)(OH) + H_2NCH_2CH_2NH_2 \longrightarrow (o\text{-}HOC_6H_4)CH{=}NCH_2CH_2N{=}CH(C_6H_4OH\text{-}o) + 2H_2O$$

$(C_{16}H_{16}N_2O_2)$

$$2C_{16}H_{16}N_2O_2 + 2CoCl_2 + 4NaOH \longrightarrow \{[Co(C_{16}H_{14}N_2O_2)]_2 \cdot H_2O\} + 3H_2O$$

$$\xrightarrow{\triangle} Co(C_{16}H_{14}N_2O_2)_2$$

上述催化剂双（水杨基）己二亚胺钴的结构式为：

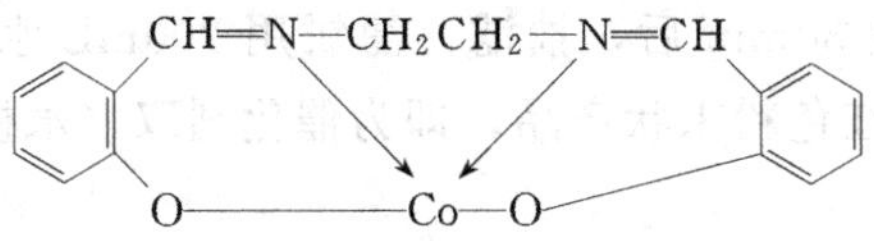

$$CH{=}N{-}CH_2CH_2{-}N{=}CH$$

O——Co—O

氧化反应式如下：

$$\text{2,6-二叔丁基酚 } [(CH_3)_3C,\ OH,\ C(CH_3)_3] \xrightarrow{\text{催化剂}} \text{2,6-TDBQ } [(CH_3)_3C,\ O,\ C(CH_3)_3,\ O]$$

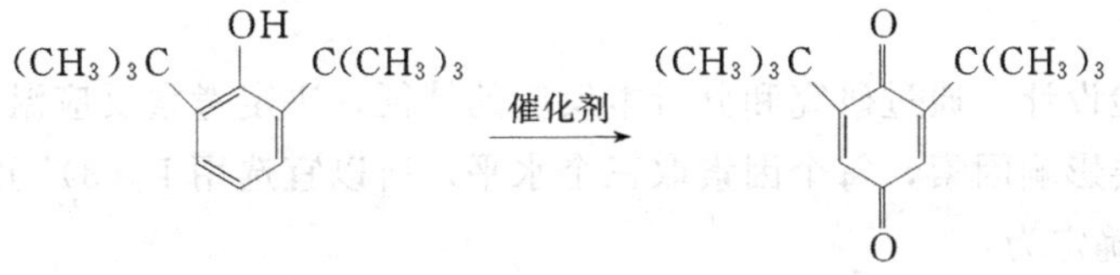

2,6-二叔丁基酚　　　　2,6-TDBQ

三、预习与思考

（1）查阅有关文献，找出制备醌类化合物的方法，从原料路线、技术方法、生产成本、环境保护等方面进行比较和评价。

（2）本实验中，产品的提纯方法很多，其中利用减压蒸馏也能得到质量较好的产品，但由于本产品易升华，如果工业化生产容易堵塞管道，所以，宜选用先进行水蒸气蒸馏，后用乙醇重结晶的方法。你对本产品的提纯方法有什么设想？

（3）结合所学的理论知识，谈谈你对新产品开发的思路和想法。

四、实验装置及药品

1. 实验装置

自行安装两套反应装置与一套水蒸气蒸馏装置。

装置1：带有搅拌器、温度计、滴液漏斗、回流冷凝器、250mL三口烧瓶的反应装置，用于催化剂的制备。

装置2：带有搅拌器、温度计、导气管、250mL三口烧瓶的反应装置，用于氧化反应。

装置3：水蒸气蒸馏装置（参见图2-17），用于产品精制。

2. 实验药品

无水乙醇、水杨醛、乙二胺、2,6-二叔丁基酚，氢氧化钠、六水合氯化亚钴、三水合醋酸钠、二甲基甲酰胺（DMF），以上药品为化学纯。

五、实验步骤及方法

1. 催化剂的制备

（1）中间体 *N*,*N*′-二水杨醛缩乙二亚胺的制备　在装置1的反应瓶中，依次加入100mL无水乙醇、22.4g（0.2mol）水杨醛，开动搅拌，同时水浴缓慢加热。加热至沸腾（约81℃），开始缓慢滴加6.01g（0.1mol）的乙二胺，溶液由无色逐渐变成黄绿色。保持回流温度，控制20～30min滴完。等有亮黄色晶体析出，继续搅拌20～30min，停止反应，自然冷却至室温，抽滤。滤饼用无水乙醇洗涤两次，抽干、干燥，得金黄色片状晶体，称量，测熔点，mp127℃。

（2）催化剂双（水杨基）乙二亚胺钴的制备　在与装置1相同的反应瓶中加入80mL沸水，并保持沸腾①。搅拌下依次加入6.7g（0.025mol）粉末状干燥的 *N*,*N*′-二水杨醛缩乙二亚胺、2g（0.05mol）固体NaOH和0.13g三水合醋酸钠，搅拌至全溶。

全溶后滴加6g（0.025mol）六水合氯化亚钴与12mL沸水配成的溶液，反应物颜色逐渐变深，且逐渐变黏稠，最后变成棕红色糊状物，停止反应。

加水淹没糊状物，静置 30min 后，抽滤。滤饼用 200mL 水洗，抽干，产品放入托盘，真空 100℃干燥 20h，得棕红色粉末状产品，即为催化剂双（水杨基）乙二亚胺钴，称量。

2. 2,6-DTBQ 的合成

由于影响产品质量和收率的因素较多，所以利用正交法安排实验，来选择最佳工艺条件。

(1) 正交实验设计　通过研究和分析本反应的特征，决定考察反应温度、反应时间、催化剂用量三个主要影响因素，每个因素取三个水平，所以宜选用 $L_9(3)^4$ 正交表。

① 因素水平确定为：

因素 / 水平	A 反应温度/℃	B 反应时间/h	C 催化剂用量/g
1	40	3.0	2.0
2	45	3.5	2.5
3	50	4.0	3.0

② 设计表头，并制定实验安排表。

③ 按实验安排表，依次进行 9 次实验，将每次实验所得产品收率填入表中。利用直观分析法对实验结果进行相应的计算，确定出最佳工艺条件。

结果分析表为：

因素 / 实验号	A	B	C	收率/%
1	A_1	B_1	C_1	
2	A_1	B_2	C_2	
3	A_1	B_3	C_3	
4	A_2	B_1	C_2	
5	A_2	B_2	C_3	
6	A_2	B_3	C_1	
7	A_3	B_1	C_3	
8	A_3	B_2	C_1	
9	A_3	B_3	C_2	
K_1 K_2 K_3				$\sum$
k_1 k_2 k_3				$\sum/9$
级差				
优水平				

(2) 氧化反应实验步骤

① 反应。在装置 2 的反应器中，加入 80mL 二甲基甲酰胺（DMF）溶剂，搅拌下加入 41.2g (0.2mol) 2,6-二叔丁基酚。升温至 40℃，加入催化剂，鼓入氧气。控制在设计温度下反应，持续鼓入氧气，观察反应液颜色变化和吸收氧气情况。达设计时间，停止反应。

② 产品提取。反应结束，降温至 25℃以下，将反应液倒入 500g 冰和 15mL 4mol/L 的

盐酸中，搅拌，产生棕黄色沉淀，抽滤。滤饼依次用1mol/L的盐酸和水冲洗，直至颜色呈黄色，抽滤，干燥，称量。

③ 产品精制。将产品加入装置3的发生瓶中，进行水蒸气蒸馏，接收产品。蒸馏完毕，抽滤，得亮黄色结晶。用5倍（质量）的乙醇重结晶，抽滤，干燥，得亮黄色均匀的晶体。称量，测熔点（65～66℃），测纯度99.6%。

六、结果与讨论

（1）计算催化剂及终产品的收率。

（2）找出氧化反应的最佳工艺条件。

（3）实验中，你在哪些方面做了改进？

（4）从经济、技术、环保、安全等方面，对本实验做出评估。

（5）讨论

① 理论上，氧化反应可选择的溶剂有DMF、CH_2Cl_2、CH_3OH、CH_3COCH_3 等，为什么本实验选用DMF做溶剂？如果条件允许，也可尝试使用其他溶剂重复上述实验，结果如何？

② 在氧化反应中，观察到什么现象？用什么方法可以判断反应的终点呢？

③ 提纯（精制）产品，有三种方法可供选择，即a. 直接用乙醇重结晶；b. 减压蒸馏；c. 水蒸气蒸馏。如果条件允许，可以分别尝试其他方法，比较得到的产品在色泽、晶形、收率、纯度等方面有什么不同，分析原因。

本实验选用先进行水蒸气蒸馏，再用乙醇重结晶的方法，有什么好处？

④ 通过本开发实验，得到什么结果？你在哪方面做了改进？本开发项目是否可以放大生产？如果放大生产，还需要在哪些方面进一步探索？写出本开发课题的论文。

七、注释

① 反应过程有悬浮物产生，为防止溢料，要严格控制搅拌速度和加料量，并注意观察现象。

实验二十七　3-甲氧基丁醇醋酸酯的生产工艺过程开发

一、目的与要求

3-甲氧基丁醇醋酸酯，化学结构式为：$CH_3CH(OCH_3)CH_2CH_2OCOCH_3$，相对分子质量为146.21。3-甲氧基丁醇醋酸酯是无色透明的液体，密度（ρ）为0.955～0.959g/cm^3，初馏点166℃，终馏点176℃，它是一种优良的醋酸酯类有机溶剂，广泛应用于胶黏剂、涂料以及光亮剂等精细化工产品中。

3-甲氧基丁醇醋酸酯是BC-1600乳液的一个重要组成部分。为了降低工业生产成本，合成工艺要求以工业乙醛为原料，尽可能采用常温常压的设备条件，来满足工业生产的要求。

通过本开发实验预期达到以下目的：

（1）了解新产品开发的过程和步骤；

（2）了解新产品开发中小试、中试的目的和方法，树立工业化生产的概念；

（3）培养开拓创新精神和理论联系实际的学风。

二、实验原理

按照常规的制备方法，酯类是利用醇和羧酸反应生成。为提高产品的收率，增加3-甲氧基丁醇的转化率，产品改用3-甲氧基丁醇和醋酸酐反应来合成。因此，应主要考虑3-甲氧基丁醇的合成路线。

根据要求和查阅国内外资料，选择了如下合成路线：第一步为乙醛缩合合成丁烯醛；第二步为丁烯醛甲氧基化合成3-甲氧基丁醛；第三步为3-甲氧基丁醛还原为3-甲氧基丁醇；第四步为在催化剂的存在下，3-甲氧基丁醇和醋酸酐反应合成3-甲氧基丁醇醋酸酯。合成步骤及反应式如下。

(1) 乙醛分子缩合生成3-羟基丁醛，再脱水生成丁烯醛。

$$CH_3CHO + CH_3CHO \xrightarrow{OH^-} CH_3\underset{}{\overset{OH}{\overset{|}{C}}}HCH_2CHO$$

$$CH_3\overset{OH}{\overset{|}{C}}HCH_2CHO \xrightarrow{H^+} CH_3CH{=}CHCHO + H_2O$$

(2) 丁烯醛在碱性条件下甲氧基化，进行加成反应。

$$CH_3CH{=}CHCHO \xrightarrow{NaOH+CH_3OH} CH_3\underset{OCH_3}{\underset{|}{C}}HCH_2CHO$$

(3) 3-甲氧基丁醛还原为3-甲氧基丁醇

$$CH_3\underset{OCH_3}{\underset{|}{C}}HCH_2CHO \xrightarrow{KBH_4} CH_3\underset{OCH_3}{\underset{|}{C}}HCH_2CH_2OH$$

(4) 在催化剂浓硫酸的作用下和乙酸酐反应生成酯。

$$CH_3\underset{OCH_3}{\underset{|}{C}}HCH_2CH_2OH + (CH_3CO)_2O \xrightarrow{浓\ H_2SO_4} CH_3\underset{OCH_3}{\underset{|}{C}}HCH_2CH_2OCOCH_3$$

三、工艺流程简图

工艺流程简图见图6-1。

四、小试

1. 实验仪器与设备

电动搅拌器、真空泵、三口烧瓶、分液漏斗、回流冷凝器、空气冷凝器、克氏蒸馏烧瓶、支管烧瓶、滴液漏斗。

2. 实验药品（工业）

乙醛、甲醇、醋酸酐、硼氢化钾、冰醋酸、固体氢氧化钠、氯仿、亚硫酸氢钠、乙酸乙酯、碳酸钠。

3. 实验操作方法

(1) 丁烯醛的制备　在装有电动搅拌器、滴液漏斗、回流冷凝器的250mL三口烧瓶中，冰水冷却下，首先加入120g工业乙醛搅拌，4h内滴加80～90g氢氧化钠溶液（1%～1.5%），温度保持在10～15℃，停止反应用10～15g（20%～25%）醋酸中和，使缩合反应停止。然后脱水生成丁烯醛，进行蒸馏，首先蒸出乙醛后收集80～90℃馏分，得到水和丁烯醛的共沸物冷却到15℃以下进行分层，得到丁烯醛。

（2）3-甲氧基丁醛的制备　在三口烧瓶中加入12mL甲醇，1%～2%氢氧化钠-甲醇溶液20mL使pH＝8～9，在15℃以下，滴加新蒸出的丁烯醛80mL，反应过程保持pH 8～9，在30～40min内滴加完丁烯醛，然后在15℃以下搅拌1h。加入冰醋酸调pH＝5～6，常压蒸出甲醇，再减压蒸干，减压部分再蒸馏收集125℃/13332Pa馏分，得到3-甲氧基丁醛。

（3）3-甲氧基丁醇的制备　在三口烧瓶中加入1mol 3-甲氧基丁醛，在冰盐冷却下，边搅拌边加入150mL的纯水，在10℃以下滴加硼氢化钾溶液（27.5g KBH_4＋250mL水）和加入10滴20%氢氧化钠，在1h内滴加完，然后10℃以下搅拌2h后自然升温，室温搅拌9～10h，后用6mol盐酸中和溶液至pH＝4左右。溶液用氯仿提取4～5次（每次120mL），合并提取液后用亚硫酸氢钠饱和溶液40mL进行洗涤，蒸馏回收氯仿，收集15.5℃以上馏分，即得3-甲氧基丁醇。

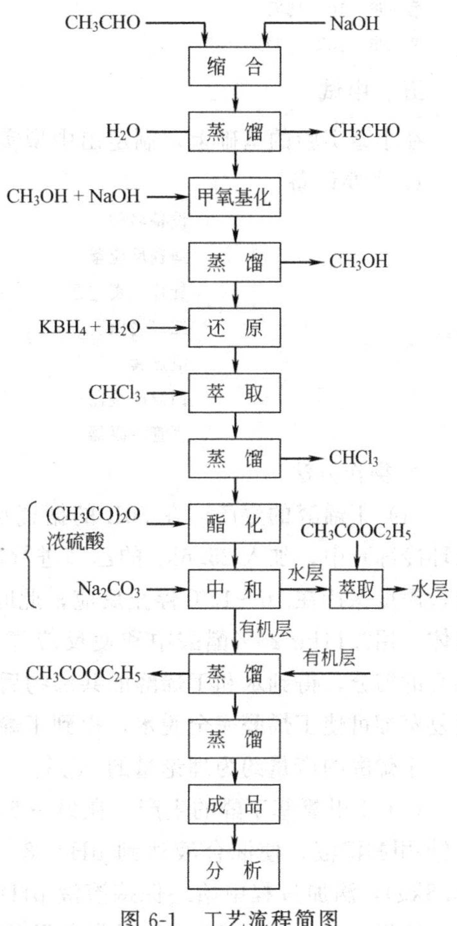

图6-1　工艺流程简图

（4）3-甲氧基丁醇醋酸酯的制备　在三口烧瓶中加入16.1g醋酸酐、6滴浓硫酸。进行搅拌，滴加15.6g 3-甲氧基丁醇（内温25～50℃）约30min，然后在85～95℃下搅拌1h，稍冷却后加入饱和碳酸钠溶液至pH＝8～9，转入分液漏斗中，有机层用乙酸乙酯（每次20mL）提取2～3次，合并提取液，蒸馏回收乙酸乙酯后减压蒸馏收集91～93℃/7200Pa的馏分，得成品3-甲氧基丁醇醋酸酯。

4. 实验结果分析与评价

（1）产品质量分析

①产品主要质量标准　根据进口样品的质量标准和企业对产品质量的要求，确定3-甲氧基丁醇醋酸酯的质量标准为：

密度 ρ(g/cm³)	0.955～0.959	纯度	＞99%
酸值/(mgKOH/g)	0.1以下	外观	无色透明液体

②实验所得产品的检测结果与进口样品的比较：

项目	密度 ρ/(g/cm³)	酸值/(mgKOH/g)	纯度/%	外观
实验	0.957	0.09	＞99	无色
进口	0.959	0.03	＞99	无色

（2）实验结果分析与评价　为了确定最佳的工艺条件，采取正交设计实验。通过多次试验，可以得到稳定的收率和确定可行的工艺过程。同时得出每一步反应的温度是主要的控制条件，温度的高低直接影响产物的收率大小，如果反应温度较高则副反应增加，产品的收率降低。通过多次实验得出每一步反应的最佳温度为：

第一步　10～15℃　　第三步　10℃以下

第二步　10℃±5℃　　第四步　85～95℃

五、中试

在小型实验的基础上，制定出中型实验的基本方案。

1. 主要设备

设备名称	规格	备注
搪瓷反应釜	50L	2台　带夹套
旋片式真空泵	2X-4	1台
三口烧瓶	10L	2个
电热套	10L	2个
回流冷凝器	1200mm	2个
直管冷凝器	1200mm	2个

2. 操作方法

(1) 丁烯醛的生产　在50L的搪瓷反应釜（装有搅拌、加料罐、冷凝器、并进行加套循环冷冻）中，加入25.6kg的乙醛进行搅拌，在4h内，滴加16.5kg 1.25%的氢氧化钠溶液，温度保持在10～15℃停止反应，此时乙醛的转化率约为55%，得到几乎无色的甘油状液体，用2.14kg 25%醋酸中和使反应停止然后进行蒸馏，首先蒸出乙醛，然后收集80～98℃的馏分，得到水和丁烯醛的共沸物后冷却到15℃以下分层，分出含有少量水的丁烯醛，反复蒸馏可使丁烯醛完全脱水，得到丁烯醛约10kg。

丁烯醛的产量约为理论量的95%。

(2) 3-甲氧基丁醛的生产　在另一50L反应釜中，先加入24L甲醇，再加入1.2%氢氧化钠-甲醇溶液，使混合液达到pH＝8～9，于内温度15℃下滴加新蒸的丁烯醛16L（约13.8kg），滴加过程中始终保持溶液pH＝8～9，30～40min加完，然后在15℃下搅拌1h，加入冰醋酸至pH＝5～6，常压蒸出甲醇再减压蒸干，将减压部分进行分馏，收集125℃以上馏分，得到3-甲氧基丁醛，收率约50%～60%。

(3) 3-甲氧基丁醇的生产　在50L反应釜中，加入5.1kg的3-甲氧基丁醛，在冰盐水冷冻下，边搅拌边加入7.5kg的水，然后在4～7℃下，滴加硼氢化钾溶液（5.5kg KBH_4 和12.5kg水再加入0.5kg 20%NaOH溶液）约1～2h加完，然后在10℃下搅拌2h，再自然升温搅拌9～10h，用6mol盐酸中和至pH＝4左右，用氯仿提取5次，每次用12L。提取液用饱和亚硫酸氢钠洗一次后，蒸馏回收氯仿再收集155℃以上馏分，即得3-甲氧基丁醇，收率约为56%～70%。

(4) 3-甲氧基丁醇醋酸酯的生产　在10L的三口瓶中（装有回流冷凝器）加入2.8kg的乙酸酐，再加入100～150mL的浓硫酸，在机械搅拌下滴加2.5kg的3-甲氧基丁醇，大约在30～60min内滴加完，然后在85～90℃搅拌1h稍冷后，加入饱和碳酸钠溶液至pH＝8～9，静置分层，分出有机层，水层用乙酸乙酯提取2次，每次用0.5～1L，合并有机层和乙酸乙酯提取液，先回收乙酸乙酯，后进行减压蒸馏，收集91～93℃/7200Pa的馏分即为3-甲氧基丁醇醋酸酯，产率约75%～85%。

3. 实验中间体及终产品控制项目

步骤	控制项目
(1)	沸程控制　102～104℃
(2)	沸程控制　125～129℃

（3） 沸程控制 155～159℃

（4） 沸程控制 166～176℃

4. 操作中不正常现象及处理方法

（1）丁烯醛的生产，若反应温度没有变化则说明没有反应，这时需要将乙醛处理重新蒸馏，再进行反应。

（2）3-甲氧基丁醛和3-甲氧基丁醇的生产时若反应温度升得太高，这时应停止滴加或放慢滴加速度以保持正常的反应温度。

（3）3-甲氧基丁醇醋酸酯的生产中，若反应液颜色较深说明浓硫酸加入较多或反应温度较高，应少加入一些浓硫酸或降低反应温度。

5. 生产中溶剂及母液处理

（1）未反应的乙醛，通过蒸馏，可继续用于丁烯醛的生产。

（2）甲醇、氯仿、乙酸乙酯进行蒸馏后，可继续循环使用。

（3）丁烯醛生产的母液再次合并，通过蒸馏仍旧可得到一定量的丁烯醛进行回收。

6. 生产中安全操作注意事项

（1）产品的生产中，乙醛、丁烯醛、甲醇、乙酸乙酯及成品都是易燃品，且有些原料沸点较低易挥发，因此，生产过程中，绝对防火，属于一级易燃易爆防护。

（2）丁烯醛有刺激性气味，且对人体及皮肤有害，在生产过程中要戴好劳动保护用品。

（3）生产车间内，要保持空气流通，避免易燃液体蒸气与空气形成爆炸性混合物造成事故。

（4）使用一切生产设备，要按照设备的安全操作规程进行使用。

附　录

附录1　常用溶剂性质表（极性顺序小→大）

溶剂名称及结构	沸点/℃	介电常数	溶解度	
			溶剂在水中/%	水在溶剂中/%
石油醚(直链烷烃混合物)	30～60 60～90 90～100	1.80左右	几乎不溶	几乎不溶
己烷	69	1.88	0.00095	0.0111
环己烷	81	2.02	0.101	0.0055
四氯化碳	77	2.24	0.077	0.010
苯	80	2.29	0.1780	0.063
甲苯	111	2.37	0.1515	0.0334
间二甲苯	139	2.38	0.0196	0.402
二硫化碳	46	2.64	0.294	<0.005
乙醚	35	4.34	6.04	1.468
醋酸戊酯	146	4.75	0.17	1.15
氯仿	61	4.80	0.815	0.072
醋酸乙酯	77	6.02	8.08	2.94
醋酸	188	6.15	任意互溶	任意互溶
苯胺	184	6.89	3.38	4.76
苯酚	182	9.78(60℃)	8.65	28.72
四氢呋喃	66	7.58	任意互溶	任意互溶
1,1-二氯乙烷	57	10.0	5.03	<0.2
1,2-二氯乙烷	84	10.4	0.81	0.15
吡啶	115	12.4	任意互溶	任意互溶
叔丁醇	8	12.47	任意互溶	任意互溶
正戊醇	138	13.9	2.19	7.41
异戊醇	131	14.7	2.67	9.61
正丁醇	118	17.5	7.45	20.5
异丙醇	82	19.9	任意互溶	任意互溶
正丙醇	97	20.3	任意互溶	任意互溶
醋酐	140	20.7	微溶	微溶
丙酮	56	20.7	任意互溶	任意互溶
乙醇	78	24.5	任意互溶	任意互溶
甲醇	65	32.5	任意互溶	任意互溶
二甲基甲酰胺(DMF)	153	36.7	任意互溶	任意互溶
乙二醇	197	37.7	任意互溶	任意互溶
甲酸	101	58.5	任意互溶	任意互溶
水(H_2O)	100	81		任意互溶
甲酰胺($HCONH_2$)	211	111	任意互溶	任意互溶

附录 2　常用干燥剂的性能及应用

干燥剂	与水作用的产物	适用范围	禁用范围	水蒸气压（20℃）/Pa	备注
无水氯化钙	$CaCl_2 \cdot 6H_2O$	烃、卤代烃、烯、酯、醚、硝基化合物、中性气体	醇、胺、氨、酚、脂肪酸、酰胺及醛、酮	26	吸水量大、作用快、效率低、价廉
硫酸钠	$Na_2SO_4 \cdot 10H_2O$	酯、醇、醛、酮、羧酸、腈、酚、酰胺、卤代烃、硝基化合物		255（25℃）	吸水量大、作用慢、效率低
硫酸镁	$MgSO_4 \cdot 7H_2O$	酯、醇、醛、酮、羧酸、腈、酚、酰胺、卤代烃、硝基化合物			比硫酸钠作用快、效率高
硫酸钙	$CaSO_4 \cdot \frac{1}{2}H_2O$	烷烃、芳烃、醚、醇、醛、酮		0.5	作用快、吸水量小、效率高
碳酸钾	$K_2CO_3 \cdot 2H_2O$	酮、胺、碱性杂环化合物	酯及酸性化合物		
浓硫酸	$H_3O^+ \cdot HSO_4^-$	脂肪烃、烷基卤代物	烯、醚、醇及碱性化合物	0.65	效率高
氢氧化钾		胺、碱性杂环化合物	醇、酯、醛、酮、酚及酸性化合物	0.3（KOH）	快速、效率高
氢氧化钠		醚、烃、叔胺	卤代烃、醇等	19（NaOH）	
金属钠	H_2+NaOH	醚、饱和烃	醇、胺脂		效率高，作用慢，干燥后需蒸馏
五氧化二磷	$H_3PO_4 \cdot HPO_3$ $H_4P_2O_7$	醚、烃、卤代烃、腈、二硫化碳	醇、酸、胺、酮、氯化氢、氟化氢、碱		
氢化钙	$H_2+Ca(OH)_2$	碱性、中性、弱酸性化合物	对碱敏感的化合物		效率高，作用慢，干燥后需蒸馏
氧化钙 氧化钡	$Ca(OH)_2$ $Ba(OH)_2$	低级醇、胺 气体	易氧化液体	0.07	效率高，作用慢
高氯酸镁		保干器中适用	还原性物质	0.8	适于化学分析
硅胶，3A、4A、5A分子筛	物理吸附	各类有机物		0.1	可再生利用

附录 3　常用正交设计表

(1) 水平数=2的情形

$L_4(2^3)$

试验号＼列号	1	2	3
1	1	1	1
2	1	2	2
3	2	1	2
4	2	2	1

注：任意二列间的交互作用出现于另一列。

L_8 (2^7)

试验号 \ 列号	1	2	3	4	5	6	7
1	1	1	1	1	1	1	1
2	1	1	1	2	2	2	2
3	1	2	2	1	1	2	2
4	1	2	2	2	2	1	1
5	2	1	2	1	2	1	2
6	2	1	2	2	1	2	1
7	2	2	1	1	2	2	1
8	2	2	1	2	1	1	2

L_{12} (2^{11})

试验号 \ 列号	1	2	3	4	5	6	7	8	9	10	11
1	1	1	1	1	1	1	1	1	1	1	1
2	1	1	1	1	1	2	2	2	2	2	2
3	1	1	2	2	2	1	1	1	2	2	2
4	1	2	1	2	2	1	2	2	1	1	2
5	1	2	2	1	2	2	1	2	1	2	1
6	1	2	2	2	1	2	2	1	2	1	1
7	2	1	2	2	1	1	2	2	1	2	1
8	2	1	2	1	2	2	2	1	1	1	2
9	2	1	1	2	2	2	1	2	2	1	1
10	2	2	2	1	1	1	1	2	2	1	2
11	2	2	1	2	1	2	1	1	1	2	2
12	2	2	1	1	2	1	2	1	2	2	1

L_{16} (2^{15})

试验号 \ 列号	1	2	3	4	5	6	7	8	9	10	11	12	13	14	15
1	1	1	1	1	1	1	1	1	1	1	1	1	1	1	1
2	1	1	1	1	1	1	1	2	2	2	2	2	2	2	2
3	1	1	1	2	2	2	2	1	1	1	1	2	2	2	2
4	1	1	1	2	2	2	2	2	2	2	2	1	1	1	1
5	1	2	2	1	1	2	2	1	1	2	2	1	1	2	2
6	1	2	2	1	1	2	2	2	2	1	1	2	2	1	1
7	1	2	2	2	2	1	1	1	1	2	2	2	2	1	1
8	1	2	2	2	2	1	1	2	2	1	1	1	1	2	2
9	2	1	2	1	2	1	2	1	2	1	2	1	2	1	2
10	2	1	2	1	2	1	2	2	1	2	1	2	1	2	1
11	2	1	2	2	1	2	1	1	2	1	2	2	1	2	1
12	2	1	2	2	1	2	1	2	1	2	1	1	2	1	2
13	2	2	1	1	2	2	1	1	2	2	1	1	2	2	1
14	2	2	1	1	2	2	1	2	1	1	2	2	1	1	2
15	2	2	1	2	1	1	2	1	2	2	1	2	1	1	2
16	2	2	1	2	1	1	2	2	1	1	2	1	2	2	1

L_{16} (2^{15})：二列间的交互作用表

试验号 \ 列号	1	2	3	4	5	6	7	8	9	10	11	12	13	14	15
	(1)	3	2	5	4	7	6	9	8	11	10	13	12	15	14
		(2)	1	6	7	4	5	10	11	8	9	14	15	12	13
			(3)	7	6	5	4	11	10	9	8	15	14	13	12
				(4)	1	2	3	12	13	14	15	8	9	10	11
					(5)	3	2	13	12	15	14	9	8	11	10
						(6)	1	14	15	12	13	10	11	8	9
							(7)	15	14	13	12	11	10	9	8
								(8)	1	2	3	4	5	6	7
									(9)	3	2	5	4	7	6
										(10)	1	6	7	4	5
											(11)	7	6	5	4
												(12)	1	2	3
													(13)	3	2
														(14)	1

L_{32} (2^{31})

试验号 \ 列号	1	2	3	4	5	6	7	8	9	10	11	12	13	14	15	16	17	18	19	20	21	22	23	24	25	26	27	28	29	30	31
1	1	1	1	1	1	1	1	1	1	1	1	1	1	1	1	1	1	1	1	1	1	1	1	1	1	1	1	1	1	1	1
2	1	1	1	1	1	1	1	1	1	1	1	1	1	1	1	2	2	2	2	2	2	2	2	2	2	2	2	2	2	2	2
3	1	1	1	1	1	1	1	2	2	2	2	2	2	2	2	1	1	1	1	1	1	1	1	2	2	2	2	2	2	2	2
4	1	1	1	1	1	1	1	2	2	2	2	2	2	2	2	2	2	2	2	2	2	2	2	1	1	1	1	1	1	1	1
5	1	1	1	2	2	2	2	1	1	1	1	2	2	2	2	1	1	1	1	2	2	2	2	1	1	1	1	2	2	2	2
6	1	1	1	2	2	2	2	1	1	1	1	2	2	2	2	2	2	2	2	1	1	1	1	2	2	2	2	1	1	1	1
7	1	1	1	2	2	2	2	2	2	2	2	1	1	1	1	1	1	1	1	2	2	2	2	2	2	2	2	1	1	1	1
8	1	1	1	2	2	2	2	2	2	2	2	1	1	1	1	2	2	2	2	1	1	1	1	1	1	1	1	2	2	2	2
9	1	2	2	1	1	2	2	1	1	2	2	1	1	2	2	1	1	2	2	1	1	2	2	1	1	2	2	1	1	2	2
10	1	2	2	1	1	2	2	1	1	2	2	1	1	2	2	2	2	1	1	2	2	1	1	2	2	1	1	2	2	1	1
11	1	2	2	1	1	2	2	2	2	1	1	2	2	1	1	1	1	2	2	1	1	2	2	2	2	1	1	2	2	1	1
12	1	2	2	1	1	2	2	2	2	1	1	2	2	1	1	2	2	1	1	2	2	1	1	1	1	2	2	1	1	2	2
13	1	2	2	2	2	1	1	1	1	2	2	2	2	1	1	1	1	2	2	2	2	1	1	1	1	2	2	2	2	1	1
14	1	2	2	2	2	1	1	1	1	2	2	2	2	1	1	2	2	1	1	1	1	2	2	2	2	1	1	1	1	2	2
15	1	2	2	2	2	1	1	2	2	1	1	1	1	2	2	1	1	2	2	2	2	1	1	2	2	1	1	1	1	2	2
16	1	2	2	2	2	1	1	2	2	1	1	1	1	2	2	2	2	1	1	1	1	2	2	1	1	2	2	2	2	1	1
17	2	1	2	1	2	1	2	1	2	1	2	1	2	1	2	1	2	1	2	1	2	1	2	1	2	1	2	1	2	1	2
18	2	1	2	1	2	1	2	1	2	1	2	1	2	1	2	2	1	2	1	2	1	2	1	2	1	2	1	2	1	2	1
19	2	1	2	1	2	1	2	2	1	2	1	2	1	2	1	1	2	1	2	1	2	1	2	2	1	2	1	2	1	2	1
20	2	1	2	1	2	1	2	2	1	2	1	2	1	2	1	2	1	2	1	2	1	2	1	1	2	1	2	1	2	1	2
21	2	1	2	2	1	2	1	1	2	1	2	2	1	2	1	1	2	1	2	2	1	2	1	1	2	1	2	2	1	2	1
22	2	1	2	2	1	2	1	1	2	1	2	2	1	2	1	2	1	2	1	1	2	1	2	2	1	2	1	1	2	1	2
23	2	1	2	2	1	2	1	2	1	2	1	1	2	1	2	1	2	1	2	2	1	2	1	2	1	2	1	1	2	1	2
24	2	1	2	2	1	2	1	2	1	2	1	1	2	1	2	2	1	2	1	1	2	1	2	1	2	1	2	2	1	2	1
25	2	2	1	1	2	2	1	1	2	2	1	1	2	2	1	1	2	2	1	1	2	2	1	1	2	2	1	1	2	2	1
26	2	2	1	1	2	2	1	1	2	2	1	1	2	2	1	2	1	1	2	2	1	1	2	2	1	1	2	2	1	1	2
27	2	2	1	1	2	2	1	2	1	1	2	2	1	1	2	1	2	2	1	1	2	2	1	2	1	1	2	2	1	1	2
28	2	2	1	1	2	2	1	2	1	1	2	2	1	1	2	2	1	1	2	2	1	1	2	1	2	2	1	1	2	2	1
29	2	2	1	2	1	1	2	1	2	2	1	2	1	1	2	1	2	2	1	2	1	1	2	1	2	2	1	2	1	1	2
30	2	2	1	2	1	1	2	1	2	2	1	2	1	1	2	2	1	1	2	1	2	2	1	2	1	1	2	1	2	2	1
31	2	2	1	2	1	1	2	2	1	1	2	1	2	2	1	1	2	2	1	2	1	1	2	2	1	1	2	1	2	2	1
32	2	2	1	2	1	1	2	2	1	1	2	1	2	2	1	2	1	1	2	1	2	2	1	1	2	2	1	2	1	1	2

L_{32} (2^{31})：二列间的交互作用表

列号 / 试验号	1	2	3	4	5	6	7	8	9	10	11	12	13	14	15	16	17	18	19	20	21	22	23	24	25	26	27	28	29	30	31
	(1)	3	2	5	4	7	6	9	8	11	10	13	12	15	14	17	16	19	18	21	20	23	22	25	24	27	26	29	28	31	30
		(2)	1	6	7	4	5	10	11	8	9	14	15	12	13	18	19	16	17	22	23	20	21	26	27	24	25	30	31	28	29
			(3)	7	6	5	4	11	10	9	8	15	14	13	12	19	18	17	16	23	22	21	20	27	26	25	24	31	30	29	28
				(4)	1	2	3	12	13	14	15	8	9	10	11	20	21	22	23	16	17	18	19	28	29	30	31	24	25	26	27
					(5)	3	2	13	12	15	14	9	8	11	10	21	20	23	22	17	16	19	18	29	28	31	30	25	24	27	26
						(6)	1	14	15	12	13	10	11	8	9	22	23	20	21	18	19	16	17	30	31	28	29	26	27	24	25
							(7)	15	14	13	12	11	10	9	8	23	22	21	20	19	18	17	16	31	30	29	28	27	26	25	24
								(8)	1	2	3	4	5	6	7	24	25	26	27	28	29	30	31	16	17	18	19	20	21	22	23
									(9)	3	2	5	4	7	6	25	24	27	26	29	28	31	30	17	16	19	18	21	20	23	22
										(10)	1	6	7	4	5	26	27	24	25	30	31	28	29	18	19	16	17	22	23	20	21
											(11)	7	6	5	4	27	26	25	24	31	30	29	28	19	18	17	16	23	22	21	20
												(12)	1	2	3	28	29	30	31	24	25	26	27	20	21	22	23	16	17	18	19
													(13)	3	2	29	28	31	30	25	24	27	26	21	20	23	22	17	16	19	18
														(14)	1	30	31	28	29	26	27	24	25	22	23	20	21	18	19	16	17
															(15)	31	30	29	28	27	26	25	24	23	22	21	20	19	18	17	16
																(16)	1	2	3	4	5	6	7	8	9	10	11	12	13	14	15
																	(17)	3	2	5	4	7	6	9	8	11	10	13	12	15	14
																		(18)	1	6	7	4	5	10	11	8	9	14	15	12	13
																			(19)	7	6	5	4	11	10	9	8	15	14	13	12
																				(20)	1	2	3	12	13	14	15	8	9	10	11
																					(21)	3	2	13	12	15	14	9	8	11	10
																						(22)	1	14	15	12	13	10	11	8	9
																							(23)	15	14	13	12	11	10	9	8
																								(24)	1	2	3	4	5	6	7
																									(25)	3	2	5	4	7	6
																										(26)	1	6	7	4	5
																											(27)	7	6	5	4
																												(28)	1	2	3
																													(29)	3	2
																														(30)	1

（2）水平数=3的情形

L_9 (3^4)

试验号 \ 列号	1	2	3	4
1	1	1	1	1
2	1	2	2	2
3	1	3	3	3
4	2	1	2	3
5	2	2	3	1
6	2	3	1	2
7	3	1	3	2
8	3	2	1	3
9	3	3	2	1

注：任意二列间的交互作用出现于另外二列。

L_{18}（3^7） ［注］

试验号＼列号	1	2	3	4	5	6	7	1′
1	1	1	1	1	1	1	1	1
2	1	2	2	2	2	2	2	1
3	1	3	3	3	3	3	3	1
4	2	1	1	2	2	3	3	1
5	2	2	2	3	3	1	1	1
6	2	3	3	1	1	2	2	1
7	3	1	2	1	3	2	3	1
8	3	2	3	2	1	3	1	1
9	3	3	1	3	2	1	2	1
10	1	1	3	3	2	2	1	2
11	1	2	1	1	3	3	2	2
12	1	3	2	2	1	1	3	2
13	2	1	2	3	1	3	2	2
14	2	2	3	1	2	1	3	2
15	2	3	1	2	3	2	1	2
16	3	1	3	2	3	1	2	2
17	3	2	1	3	1	2	3	2
18	3	3	2	1	2	3	1	2

注：把两水平的列1′排进 L_{18}（3^7），便得混合型 L_{18}（$2^1\times3^7$），交互作用 $1'\times1$ 可从两列的二元表求出，在 L_{18}（$2^1\times3^7$）中把列1′和列1的水平组合11，12，13，21，22，23分别换成1，2，3，4，5，6便得混合型 L_{18}（$6^1\times3^6$）。

L_{27}（3^{13}）

试验号＼列号	1	2	3	4	5	6	7	8	9	10	11	12	13
1	1	1	1	1	1	1	1	1	1	1	1	1	1
2	1	1	1	1	2	2	2	2	2	2	2	2	2
3	1	1	1	1	3	3	3	3	3	3	3	3	3
4	1	2	2	2	1	1	1	2	2	2	3	3	3
5	1	2	2	2	2	2	2	3	3	3	1	1	1
6	1	2	2	2	3	3	3	1	1	1	2	2	2
7	1	3	3	3	1	1	1	3	3	3	2	2	2
8	1	3	3	3	2	2	2	1	1	1	3	3	3
9	1	3	3	3	3	3	3	2	2	2	1	1	1
10	2	1	2	3	1	2	3	1	2	3	1	2	3
11	2	1	2	3	2	3	1	2	3	1	2	3	1
12	2	1	2	3	3	1	2	3	1	2	3	1	2
13	2	2	3	1	1	2	3	2	3	1	3	1	2
14	2	2	3	1	2	3	1	3	1	2	1	2	3
15	2	2	3	1	3	1	2	1	2	3	2	3	1

续表

试验号 \ 列号	1	2	3	4	5	6	7	8	9	10	11	12	13
16	2	3	1	2	1	2	3	3	1	2	2	3	1
17	2	3	1	2	2	3	1	1	2	3	3	1	2
18	2	3	1	2	3	1	2	2	3	1	1	2	3
19	3	1	3	2	1	3	2	1	3	2	1	3	2
20	3	1	3	2	2	1	3	2	1	3	2	1	3
21	3	1	3	2	3	2	1	3	2	1	3	2	1
22	3	2	1	3	1	3	2	2	1	3	3	2	1
23	3	2	1	3	2	1	3	3	2	1	1	3	2
24	3	2	1	3	3	2	1	1	3	2	2	1	3
25	3	3	2	1	1	3	2	3	2	1	2	1	3
26	3	3	2	1	2	1	3	1	3	2	3	2	1
27	3	3	2	1	3	2	1	2	1	3	1	3	2

L_{27} (3^{13})：二列间的交互作用表

试验号 \ 列号	1	2	3	4	5	6	7	8	9	10	11	12	13
	(1)	3 4	2 4	2 3	6 7	5 7	5 6	9 10	8 10	8 9	12 13	11 13	11 12
		(2)	1 4	1 3	8 11	9 12	10 13	5 11	6 12	7 13	5 8	6 9	7 10
			(3)	1 2	9 13	10 11	8 12	7 12	5 13	6 11	6 10	7 8	5 9
				(4)	10 12	8 18	9 11	6 13	7 11	5 12	7 9	5 10	6 8
					(5)	1 7	1 6	2 11	3 13	4 12	2 8	4 10	3 9
						(6)	1 5	4 13	2 12	3 11	3 10	2 9	4 8
							(7)	3 12	4 11	2 13	4 9	3 8	2 10
								(8)	1 10	1 9	2 5	3 7	4 6
									(9)	1 8	4 7	2 6	3 5
										(10)	3 6	4 5	2 7
											(11)	1 13	1 12
												(12)	1 11

L_{36} (3^{13})

试验号 \ 列号	1	2	3	4	5	6	7	8	9	10	11	12	13	1′	2′	3′
1	1	1	1	1	1	1	1	1	1	1	1	1	1	1	1	1
2	1	2	2	2	2	2	2	2	2	2	2	2	2	1	1	1
3	1	3	3	3	3	3	3	3	3	3	3	3	3	1	1	1
4	1	1	1	1	1	2	2	2	2	3	3	3	3	1	2	2
5	1	2	2	2	2	3	3	3	3	1	1	1	1	1	2	2
6	1	3	3	3	3	1	1	1	1	2	2	2	2	1	2	2
7	1	1	1	2	3	1	2	3	3	1	2	2	3	2	1	2
8	1	2	2	3	1	2	3	1	1	2	3	3	1	2	1	2
9	1	3	3	1	2	3	1	2	2	3	1	1	2	2	1	2
10	1	1	1	3	2	1	3	2	3	2	1	3	2	2	2	1
11	1	2	2	1	3	2	1	3	1	3	2	1	3	2	2	1
12	1	3	3	2	1	3	2	1	2	1	3	2	1	2	2	1
13	2	1	2	3	1	3	2	1	3	3	2	1	2	1	1	1
14	2	2	3	1	2	1	3	2	1	1	3	2	3	1	1	1
15	2	3	1	2	3	2	1	3	2	2	1	3	1	1	1	1
16	2	1	2	3	2	1	1	3	2	3	3	2	1	1	2	2
17	2	2	3	1	3	2	2	1	3	1	1	3	2	1	2	2
18	2	3	1	2	1	3	3	2	1	2	2	1	3	1	2	2
19	2	1	2	1	3	3	3	1	2	2	1	2	3	2	1	2
20	2	2	3	2	1	1	1	2	3	3	2	3	1	2	1	2
21	2	3	1	3	2	2	2	3	1	1	3	1	2	2	1	2
22	2	1	2	2	3	3	1	2	1	1	3	3	2	2	2	1
23	2	2	3	3	1	1	2	3	2	2	1	1	3	2	2	1
24	2	3	1	1	2	2	3	1	3	3	2	2	1	2	2	1
25	3	1	3	2	1	2	3	3	1	3	1	2	2	1	1	1
26	3	2	1	3	2	3	1	1	2	1	2	3	3	1	1	1
27	3	3	2	1	3	1	2	2	3	2	3	1	1	1	1	1
28	3	1	3	2	2	2	1	1	3	2	3	1	3	1	2	2
29	3	2	1	3	3	3	2	2	1	3	1	2	1	1	2	2
30	3	3	2	1	1	1	3	3	2	1	2	3	2	1	2	2
31	3	1	3	3	3	2	3	2	2	1	2	1	1	2	1	2
32	3	2	1	1	1	3	1	3	3	2	3	2	2	2	1	2
33	3	3	2	2	2	1	2	1	1	3	1	3	3	2	1	2
34	3	1	3	1	2	3	2	3	1	2	2	3	1	2	2	1
35	3	2	1	2	3	1	3	1	2	3	3	1	2	2	2	1
36	3	3	2	3	1	2	1	2	3	1	1	2	3	2	2	1

注：把两水平的列1′，2′和3′排进L_{36}（3^{13}），便得混合型L_{36}（$2^3\times3^{13}$），这时交互作用$1'\times2'$出现于3′，并且交互作用$1'\times1$，$2'\times1$和$3'\times1$可分别从各自的二元表求出。

(3) 水平数=4 的情形

L_{32} (4^9)

试验号＼列号	1	2	3	4	5	6	7	8	9	
1	1	1	1	1	1	1	1	1	1	1
2	1	2	2	2	2	2	2	2	2	1
3	1	3	3	3	3	3	3	3	3	1
4	1	4	4	4	4	4	4	4	4	1
5	2	1	1	2	2	3	3	4	4	1
6	2	2	2	1	1	4	4	3	3	1
7	2	3	3	4	4	1	1	2	2	1
8	2	4	4	3	3	2	2	1	1	1
9	3	1	2	3	4	1	2	3	4	1
10	3	2	1	4	3	2	1	4	3	1
11	3	3	4	1	2	3	4	1	2	1
12	3	4	3	2	1	4	3	2	1	1
13	4	1	2	4	3	3	4	2	1	1
14	4	2	1	3	4	4	3	1	2	1
15	4	3	4	2	1	1	2	4	3	1
16	4	4	3	1	2	2	1	3	4	1
17	1	1	4	1	4	2	3	2	3	2
18	1	2	3	2	3	1	4	1	4	2
19	1	3	2	3	2	4	1	4	1	2
20	1	4	1	4	1	3	2	3	2	2
21	2	1	4	2	3	4	1	3	2	2
22	2	2	3	1	4	3	2	4	1	2
23	2	3	2	4	1	2	3	1	4	2
24	2	4	1	3	2	1	4	2	3	2
25	3	1	3	3	1	2	4	4	2	2
26	3	2	4	4	2	1	3	3	1	2
27	3	3	1	1	3	4	2	2	4	2
28	3	4	2	2	4	3	1	1	3	2
29	4	1	3	4	2	4	2	1	3	2
30	4	2	4	3	1	3	1	2	4	2
31	4	3	1	2	4	2	4	3	1	2
32	4	4	2	1	3	1	3	4	2	2

注：把两水平的列1′排进 L_{32} (4^9)，便得混合型 L_{32} ($2^1\times4^9$)，这时交互作用 $1'\times1$ 可从二元表求出，把列1′和列1的水平组合11，12，13，14，21，22，23，24分别换成1，2，3，4，5，6，7，8便得混合型 L_{32} ($8^1\times4^8$)。

附录4　常用化合物在不同温度水中的溶解度

单位：g/100g 水

化合物	50℃	60℃	70℃	80℃	90℃
$AgNO_2$	0.995	1.39	—	—	—
$AgNO_3$	—	440	—	585	652
$Al(NO_3)_3$	—	106	—	132	153
$Al_2(SO_4)_3$	52.2	59.2	66.1	73.0	80.8

续表

化合物	50℃	60℃	70℃	80℃	90℃
$BaCl_2 \cdot 2H_2O$	43.6	46.2	49.4	52.5	55.8
$Ba(NO_3)_2$	17.1	20.4	—	27.2	—
$Ba(OH)_2$	13.12	20.94	—	101.4	—
$BaSO_4$	3.36×10^{-4}	—	—	—	—
$Ca(HCO_3)_2$	—	17.50	—	17.95	—
$Ca(OH)_2$	0.128	0.121	0.106	0.094	0.086
$CaSO_4 \cdot 1/2H_2O$	0.21(318)	0.145(338)	0.12(348)	—	—
$CuCl_2$	—	96.5	—	104	108
$Cu(NO_3)_2$	—	182	—	208	222
$CuSO_4 \cdot 5H_2O$	—	61.8	—	83.8	—
$FeCl_2$	—	78.3	—	88.7	92.3
$FeCl_3 \cdot 6H_2O$	315.1	—	—	525.8	—
$Fe(NO_3)_2 \cdot 6H_2O$	—	266	—	—	—
$FeSO_4 \cdot 7H_2O$	—	100.7	—	79.9	68.3
KBr	80.2	85.5	90.0	95.0	99.2
$KBrO_3$	17.5	22.7	—	34.1	—
$KC_2H_3O_2$	—	350	—	381	398
$K_2C_2O_4$	—	53.2	—	63.6	69.2
KCl	42.6	45.8	48.3	51.3	54.0
K_2CO_3	121.2	127	133.1	140	148
K_2CrO_4	—	70.1	70.4	72.1	74.5
$K_2Cr_2O_7$	34	45.6	52	73	—
$K_3Fe(CN)_6$	—	70	—	—	—
$K_4Fe(CN)_6$	—	54.8	—	66.9	71.5
$KHCO_3$	—	65.6	—	—	—
KI	168	176	184	192	198
KNO_2	—	348	—	376	390
KNO_3	85.5	106	138	167	203
KOH	140	154	—	—	—
K_2PtCl_6	2.17	2.45	3.19	3.71	4.45
K_2SO_4	16.50	18.2	19.75	21.4	22.9
$K_2SO_4 \cdot Al_2(SO_4)_3$	17.00	24.80	40.0	71.0	109.0
$MgBr_2$	—	112	—	113.7	—
$MgCl_2$	—	61.0	—	66.1	69.5
MgI_2	—	—	—	186	—
$Mg(NO_3)_2$	—	78.9	—	91.6	106
$(NH_4)_2C_2O_4$	10.3	14.0	—	22.4	27.9
NH_4Cl	50.4	55.3	60.2	65.6	71.2
NH_4ClO_4	—	49.9	—	68.9	—
$(NH_4)_2 \cdot Co(SO_4)_2$	27.0	33.5	40.0	49.0	58.0
$(NH_4)_2CrO_4$	—	59.0	—	76.1	—
$(NH_4)_2Cr_2O_7$	—	86	—	115	—
NH_4HCO_3	—	59.2	—	109	170
NH_4NO_3	344.0	421.0	499.0	580.0	740.0
$(NH_4)_2SO_4$	—	88.0	—	95	—
NaBr	116.0	118	—	120	121
NaCl	37.0	37.1	37.8	38.0	38.5
$NaClO_3$	—	137	—	167	184
Na_2CO_3	—	46.0	—	43.9	43.9

续表

化合物	50℃	60℃	70℃	80℃	90℃
Na_2CrO_4	104	115	123	125	—
$NaHCO_3$	14.45	16.0	—	—	—
NaH_2PO_4	157	172	190.3	211	234
Na_2HPO_4	80.2	82.8	88.1	92.3	102
$NaNO_3$	104.1	122	—	148	—
$NaNO_2$	—	111	—	133	—
NaOH	—	174	—	—	—
Na_2S	36.4	39.1	43.31	55.0	65.3
Na_2SO_3	—	32.6	—	29.4	27.9
Na_2SO_4	46.7	45.3	—	43.7	42.7
$ZnSO_4$	—	75.4	—	71.1	—

附录 5　常用基准物质的干燥条件和应用

基准物质		干燥后的组成	干燥条件/℃	标定对象
名称	分子式			
碳酸氢钠	Na_2HCO_3	Na_2CO_3	270～300	酸
碳酸钠	$Na_2CO_3 \cdot 10H_2O$	Na_2CO_3	270～300	酸
硼砂	$Na_2B_4O_7 \cdot 10H_2O$	$Na_2B_4O_7 \cdot 10H_2O$	放在含 NaCl 和蔗糖饱和液的干燥器中	酸
碳酸氢钾	$KHCO_3$	K_2CO_3	270～300	酸
草酸	$H_2C_2O_4 \cdot 2H_2O$	$H_2C_2O_4 \cdot 2H_2O$	室温空气干燥	碱或 $KMnO_4$
邻苯二甲酸氢钾	$KHC_8H_4O_4$	$KHC_8H_4O_4$	110～120	碱
重铬酸钾	$K_2Cr_2O_7$	$K_2Cr_2O_7$	140～150	还原剂
溴酸钾	$KBrO_3$	$KBrO_3$	130	还原剂
碘酸钾	KIO_3	KIO_3	130	还原剂
铜	Cu	Cu	室温干燥器中干燥	还原剂
三氧化二砷	As_2O_3	As_2O_3	室温干燥器中干燥	氧化剂
草酸钠	$Na_2C_2O_4$	$Na_2C_2O_4$	130	氧化剂
碳酸钙	$CaCO_3$	$CaCO_3$	110	EDTA
硝酸铅	$Pb(NO_3)_2$	$Pb(NO_3)_2$	室温干燥器中干燥	EDTA
氧化锌	ZnO	ZnO	900～1000	EDTA
锌	Zn	Zn	室温干燥器中干燥	EDTA
氯化钠	NaCl	NaCl	500～600	$AgNO_3$
氯化钾	KCl	KCl	500～600	$AgNO_3$
硝酸银	$AgNO_3$	$AgNO_3$	220～250	氯化物

附录 6　常见化学毒物的特性及容许浓度

类别	名称	特　性	容许浓度
气体	氯气(Cl_2)	黄绿色气体，具有刺鼻臭味，溶于水，液氯能引起严重的烧伤。能与许多化学物品如乙炔、乙醚、氨气、氢气、松节油、金属粉末等猛烈反应，发生爆炸或生成爆炸性产物	≤1mg/m³

续表

类别	名称	特性	容许浓度
气体	一氧化碳(CO)	无色无臭气体，微溶于水。剧毒！极易燃，能与空气形成爆炸性混合物	≤50mg/m³
	二氧化硫(SO_2)	无色气体，具有刺鼻恶臭，在－10℃以下会液化，有一定的水溶解度，刺激眼睛和呼吸系统	≤13mg/m³
	二氧化氮(NO_2)	黄褐色气体，剧毒！极强的氧化剂。自身不燃，遇普通纤维或其他可燃物，能立即起火	≤9mg/m³
	二溴乙烷(CH_2BrCH_2Br)	具有特殊甜味，不燃。化学性质较稳定。毒性比溴甲烷强	$<25\times10^{-6}$
	二氯乙烷(CH_2ClCH_2Cl)	具有特殊的甜味，沸点83.5℃。化学性质稳定，无腐蚀性	$<50\times10^{-6}$
	磷化氢(PH_3)	无色气体，具有臭鱼气味。沸点－88℃，微溶于水，往往因含有少量P_2H_3能自行着燃，发出光亮火焰。剧毒！极易燃	$<3\times10^{-6}$
	溴甲烷(CH_3Br)	有浓霉臭味，沸点3.6℃。不燃，是有机物质的强溶剂。对皮肤有腐蚀性	$<20\times10^{-6}$
酸类	硫酸(H_2SO_4)	无色至暗褐色的油状液体，腐蚀性强，化学性质非常活泼，不燃。遇电石、硝酸盐、苦味酸盐、金属粉末及其他可燃物等猛烈反应，发生爆炸或燃烧，遇水与有机物等猛烈反应，发生爆炸或燃烧，放出大量热量	$\leq0.5\times10^{-6}$
	硝酸(HNO_3)	无色至淡黄色发烟液体，易溶于水，腐蚀性强，具有非常刺鼻的窒息气味。化学性质活泼，不燃，能与多种物质如电石、松节油、金属粉末等猛烈反应，发生爆炸。遇可燃或易氧化物即行着火	$\leq2\times10^{-6}$
	盐酸(HCl)	无色至微黄色液体，气味刺激性强，不燃，但能与普通金属反应，放出氢气与空气形成爆炸性混合物	$\leq5\times10^{-6}$
	磷酸(H_3PO_4)	无色黏稠状液体或潮湿的白色结晶，自身不燃，能与水相混溶。与金属反应，放出氢气，能与空气形成爆炸性混合物	≤1mg/m³
	草酸[$(COOH)_2\cdot H_2O$]	无色结晶或白色粉末，微溶于冷水，易溶于热水。可燃，粉尘有毒，在150～160℃升华并部分分解。高温下分解放出一氧化碳和甲酸蒸气。遇银盐反应生成草酸银，具有爆炸性，与过氧化物、硝酸或其他氧化剂接触有爆炸危险	≤1mg/m³
	甲酸(HCOOH)	无色发烟液体，有刺鼻恶臭味。溶于水，可燃，具有一定程度的失火危险。闪点69℃，能放出刺激性蒸气	≤9mg/m³
	乙酸(CH_3COOH)	无色液体，具有刺鼻酸味。溶于水，放出刺鼻性蒸气。易燃，化学性质活泼，与过氧化物、硝酸或其他氧化剂接触有爆炸危险	≤25mg/m³
碱类	氢氧化钠(NaOH)	无色，有棒、片、粒状或球状，易溶于水。腐蚀性强，能造成灼烧伤。不燃，但遇水放出大量热量。能使可燃物燃烧	
	氢氧化钾(KOH)	无色，有棒、片、粒状或球状，易溶于水。腐蚀性强，能造成灼烧伤。不燃，但遇水放出大量热量。能使可燃物燃烧	
	氨水($NH_3\cdot H_2O$)	无色透明液体，有刺鼻性气味。能与醇、醚相混溶。与酸反应激烈，放出大量的热	≤30mg/m³
盐类	硝酸银($AgNO_3$)	无色透明结晶或白色结晶，溶于水。在有机物存在下遇光变灰黑色。具有腐蚀性，遇可燃物、有机物或易氧化物质着火。并能助长火势	0.01mg/m³(以Ag计)
	硝酸铜[$Cu(NO_3)_2$]	蓝色结晶，为氧化剂。遇易氧化物质反应猛烈，会引起燃烧或爆炸。可燃烧着火能助长火势。170℃时分解，放出剧毒的氮氧化物	
	硝酸铵(NH_4NO_3)	无色结晶，强氧化剂。210℃开始分解，温度高分解放出剧毒的气体。分解急剧能导致爆炸。与可燃碎末混合能发生激烈反应而爆炸	
	硝酸钠($NaNO_3$)	无色或白色结晶，为强氧化剂。易吸湿，遇氧化物质会发生激烈燃烧或爆炸，并助长火势	至死量：15～30g/人
	硫酸铵[$(NH_4)_2SO_4$]	白色粉末或无色结晶。在240℃熔化分解，放出有毒气体。高温下与氧化剂接触，易发生爆炸	
	氯化铵(NH_4Cl)	无色结晶或白色颗粒性粉状。溶于水。不燃，在高温下能腐蚀金属。与银盐能生成一种灵敏度很高、容易起爆炸的化合物	

续表

类别	名称	特性	容许浓度
盐类	草酸盐	大多数草酸盐是无色的，其中草酸铵、草酸钾、草酸钠等溶于水，低毒	
有机毒物	乙醚($C_2H_5OC_2H_5$)	无色液体，有特殊气味。沸点34℃，蒸气有毒！不溶于水。极易燃，在低温下的蒸气也能与空气形成爆炸混合物。在空气中与氧长期接触或在玻璃瓶内受阳光照射能生成都不稳定的过氧化物，受热能自行着火与爆炸。蒸气比空气重，扩散很远，遇火源可燃爆并回燃	$1.2g/m^3$
	乙醛(CH_3CHO)	无色液体，具有刺鼻的水果气味。与水相混溶。化学性质活泼。易氧化或还原。在空气中自行氧化，生成不稳定的过氧化物，以致爆炸。沸点21℃，极易燃。蒸气比空气重，扩散远，遇火源着燃并反火焰沿气流相反方向回燃	$5mg/m^3$
	甲苯($C_6H_5CH_3$)	无色液体，有似苯的气味。不溶于水，能放出有毒蒸气，蒸气比空气重，能扩散相当远，遇到火源着火并回燃。易燃。蒸气能与空气形成爆炸性混合物	$<200\times10^{-6}$
	甲醇(CH_3OH)	无色液体，沸点65℃，易挥发，与水相溶。能放出有毒蒸气。蒸气能与空气形成爆炸性混合物。极易燃	$<200\times10^{-6}$
	丙酮(CH_3COCH_3)	无色液体，具有特殊气味，沸点56℃，与水相溶。蒸气有麻醉效应。易燃，蒸气能与空气形成爆炸性混合物	$<2.4g/m^3$
	石油醚	无色液体，易燃，具有刺激性和毒性。沸点30～160℃的馏分。蒸气能与空气形成爆炸混合物	$<500\times10^{-6}$
	四氯化碳(CCl_4)	无色液体，具有特殊臭味，沸点77℃。与水不相溶。蒸气有毒，不燃，可用作灭火剂，但灭火时能生成极毒的光气	$<10\times10^{-6}$
	氯仿($CHCl_3$)	无色液体，有甜味及特殊气味。具有挥发性，不溶于水。蒸气有毒，沸点61℃，不燃	$<50\times10^{-6}$
	苯(C_6H_6)	无色液体，具有挥发性、特殊气味。沸点80℃，与水不相溶。蒸气有毒，并能经皮肤吸收，极易燃，液体比水轻，蒸气比空气重，扩散远，遇火源燃着	$<25\times10^{-6}$
	丁酮($CH_3COC_2H_5$)	无色液体，沸点80℃，具有特殊气味，蒸气有毒。易燃，液体比水轻，蒸气比空气重，扩散远，遇火源燃着。蒸气与空气形成爆炸性混合物	$<200\times10^{-6}$
液化气毒物	液氢(H_2)	无色无臭气体，易燃。蒸气与空气形成爆炸性混合物，燃烧生成无色火焰。液态开始蒸发，沉积地面，扩散升温后湿空气生成浓雾，可见的浓雾外围能形成爆炸性混合物	
	液氮(N_2)	无色无臭液体，沸点-196℃，不燃。常温下的蒸气密度与空气相等。与皮肤接触产生冻疮	
特殊有毒物	氰化钾(KCN)	白色固块或结晶，有微弱的苦杏仁气味。剧毒！不燃，遇酸能放出易燃的氰化氢气体	$5mg/m^3$
	氰化钠(NaCN)	白色固块或片状物，自身不燃。剧毒！遇酸放出易燃的氰化氢气体	$5mg/m^3$
	敌敌畏(DDVP)	对热稳定，不燃烧。有机溶剂中稳定，有水存在时被分解，有碱存在加速分解。酸存在减慢分解。分解可能放出一种醋酸味。沸点高且蒸气压力低	
	汞(水银)(Hg)	银白色沉重液体，不溶于水。能放出有毒蒸气并能经皮肤吸收	$0.01mg/m^3$（对皮肤）
	汞化合物	外观、水溶度与毒性颇大差别。有些为液体，能放出剧毒的蒸气，一般汞化物比亚汞化物毒性大	$0.01mg/m^3$（对皮肤）
	碘(I_2)	蓝黑色结晶碎片，具有特殊气味。几乎不溶于水，放出有毒蒸气，与皮肤接触造成腐蚀性灼伤感	$<0.1\times10^{-6}$

参 考 文 献

[1] 于遵宏等编著. 化工过程开发. 上海：华东理工大学出版社，1997.

[2] 刘光永主编. 化工开发实验技术. 天津：天津大学出版社，1994.

[3] 李兰编著. 现代有机化工实验和开发技术. 北京：科学普及出版社，1992.

[4] 吕守信主编. 化学工艺专业综合实验. 北京：化学工业出版社，1995

[5] 刘振梅主编. 药物化学. 第 2 版. 北京：中国医药科技出版社，2001.

[6] 金小吾主编. 产品分析和专业实验. 上海：上海科学普及出版社，1992.

[7] 王德中主编. 环氧树脂生产与应用. 第 2 版. 北京：化学工业出版社，2001.

[8] 李述文，范如霖编译. 实用有机化学手册. 上海：上海科学技术出版社，1981.

[9] 孙尔康等编. 化学实验基础. 南京：南京大学出版社，1991.

[10] 北京师范大学《化学实验规范》编写组编著. 化学实验规范. 北京：北京师范大学出版社，1987.

[11] 俞文合主编. 新编抗生素工艺学. 北京：中国建材工业出版社，1996.

[12] 周泰隆主编. 精细化工实验法. 北京：中国石化出版社，1998.

[13] 韩广甸，赵树纬，李述文等编译 . 有机制备化学手册 . 上卷 . 北京：化学工业出版社，1980.

[14] 王葆仁著 . 有机合成反应 . 北京：科学出版社，1981.

[15] 邢其毅，徐瑞秋，周政主编 . 基础有机化学 . 北京：高等教育出版社，1983.

[16] 王箴主编 . 化工辞典 . 第 4 版 . 北京：化学工业出版社，2000.

[17] 房鼎业，乐清华，李福清主编 . 化学工程与工艺专业实验 . 北京：化学工业出版社，2000.

[18] 曾繁芯主编 . 化学工艺学概论 . 北京：化学工业出版社，1998.

[19] 吴章枬，黎喜林主编. 基本有机合成工艺学. 第 2 版 . 北京：化学工业出版社，1992.

[20] 贺亚娟主编. 化工生产管理. 上海：上海交通大学出版社，1988.

[21] 赵何为，朱承炎主编. 精细化工实验. 上海：华东化工学院出版社，1992.

[22] 袁玉荪，朱婉华，陈钧辉编 . 生物化学实验 . 第 2 版 . 北京：高等教育出版社，1991.

[23] 钟洪枢，关基石主编. 生物化学. 北京：高等教育出版社，1989.

[24] 湖南第二轻工业学校，湖北第二轻工业学校，常州轻工业学校，河南第二轻工业学校合编 . 塑料原材料分析与性能测试 . 北京：中国轻工业出版社，1994.

[25] 王才良主编. 中国化工产品分析方法手册. 有机分册. 第 2 版. 北京：农业出版社，1993.

[26] 闻韧主编 . 药物合成反应 . 北京：化学工业出版社，1997：95，190，239，485.

[27] 姚蒙正等编 . 精细化工产品合成原理 . 北京：中国石化出版社，2000：49-50.

[28] 郝艳霞主编. 药物制剂综合实训. 北京：化学工业出版社，2012.

[29] 宋航主编. 制药工程专业实验. 北京：化学工业出版社，2005.

[30] 天津大学等编. 制药工程专业实验指导. 北京：化学工业出版社，2005.